福島と生きる

国際ＮＧＯと市民運動の新たな挑戦

藤岡美恵子・中野憲志 編

新評論

はじめに

藤岡美恵子

日常への回帰？

福島第一原子力発電所の事故から一年半になろうとするいま、史上最悪の原発災害が私たちの目の前で日々展開している。震災後、「三・一一以前の日本に戻ることなどできない」という声を多く聞いた。実際、日本社会が抱え込んできた科学・技術、政治、社会、経済の矛盾や問題が震災と原発事故によって一挙に露呈してしまった後は、「戦後」になぞらえた「災後」という言葉こそがふさわしいと思えた。多くの人が人智をはるかに超えた大きな自然の力の中でかろうじて人間が生かされていることを否応なく実感させられ、人間の社会を超えて人間と自然との関係にも思いをはせるようになったと語った。

しかし、わが身を振り返り周囲に目を遣れば、あたかも何事もなかったかのように日常を生きる私たちがいる。首都圏でも震災の年（二〇一一年）の夏ごろまでは、会社や居酒屋や電車の中でさえ、放射線量や汚染食品のこと、東京電力の事故対応が話題に上ることはごく普通だった。しかしその後、余震が確実に減少するのに歩調を合わせたかのように、そういう会話も減っていった。いま、日常の風景は三・一一以前と変わらないように見える。

だが、三・一一以降、同じ時間を生きてきた福島の人の「寝ても覚めても原発事故のことが頭から離れない」（吉野裕之、本書二五頁）という言葉に接すると、どきりとする。夢から現実に引き戻されたような感覚に陥る。そして次のような文章に遭遇すると、その現実の重さを思い知らされる。

避難にせよ、除染にせよ、日本政府のとってきた態度は福島棄民政策だ。私たちもそれは分かっている。避難政策の拡充もせず、自助努力に任せたままだ。いま行われている除染は、住民流出を防ぎたい自治体によるデモンストレーションに過ぎない。電気も食料も供給できない福島は、もう用無しとでも言いたいかのように、日本政府は本質的な解決策をとろうとしない。（中手聖一「生まれ変わろうとしている〝福島人〟」『世界』二〇一二年四月号、七四頁）

政府が国民を「棄てた」、その国に住む私たちは、どうするのか。国民が「棄てられた」傍で、民主国家の住人である振りをし続けるのか？　「用無し」と言わんばかりなのは政府だけか？　私たちも…？　被災地以外の人々は多くの場合、三・一一以前のように生きて行ける。または生きて行ける振りをできる。しかし、被災地、とくに福島の人々は三・一一以前に戻りたくても戻れない。この事実は決して消えることはない。それどころか、テレビのドキュメンタリー番組や新聞報道などを通じて伝えられる福島の人々――故郷から引き剝がされ帰還の見通しも立たない人々、放射線量の高い地域に暮らさざるを得ない人々、そこから自主的に避難した人々――の苦境はむしろ深まっている。しかし、そうした報道やインターネット上の情報を注意深く追ったり、集会に積極的に参加したりしない限り、福島の苦境を知る機会はあまりに少ない。それでいいはずはない。考えてもみよう。一六万人（「自主」避難者を含まない）が住む家を追われ、将来の見通しを描けない状態に留め置かれているのだ。一六万人の避難民が「難民」と呼ばれないのは、国境を越えていないからというだけのことなのだ。

三・一一以前には戻れない

多くの人はそれでいいはずはないと感じると思う。本当は、おそらくいまでも多くの人が、三・一一以前と同じようには生きられないという感覚を漠然としていても抱いているのではないか。原発の再稼働に反対の人が六〇%近くに上る（共同通信社全国電話世論調査、二〇一一年五月二六日・二七日実施）という事実がそれを物語っている。首都圏でも以前と同じような日常を生きているように見えて、水面下では確実に変化が起きている。放射線量が比較的高い、いわゆるホットスポットの一つである千葉県柏市では人口の流出が続いている。人口は減っても世帯数は増えていることから、母子が避難し父親が単身で市内に住むケースが増えているのではないかと市は見ている（http://mainichi.jp/select/news/20120407k0000e040189000c.html）。福島と同じ問題が静かに起きている。〈私たち〉も〈福島〉なのだ。

だが、避難にしろ、食品の放射能汚染にしろ、多くの場合、問題や悩みは個々人のレベルで処理されているように思う。それを福島の人々の境遇に結び付けて〈私たち〉の問題として解決していこうとする大きな運動をまだ私たちは作ることができないでいる。原発をなくしたいという思いを共有する見知らぬ者同士が出会い、手を携え、脱原発に向かって大きな流れを作っているのに対して、原発事故が引き起こした福島の人々の苦悩を受け止め、その苦境を少しでも和らげ、この史上最悪の原発災害をともに乗り越えて行こうという動きはまだ小さい。

本書は、脱原発を訴える書でも、非政府組織（NGO）の支援活動のたんなる記録でもなく、そうした、ともに〈苦〉を受け止め、乗り越えていくことをめざす運動へのささやかな呼びかけの書である。

福島の声に耳を澄ますことによって、ＮＧＯや市民運動、さまざまな個人の福島への関わりとそこにおける葛藤と格闘の跡をたどることによって、私たちがこれから福島とどうつながっていけるのかを考えるための手がかりとしたいと考えている。

福島の声に耳を澄ます

まず、三・一一以前に戻りたくても戻れない福島の人々がこの一年あまりをどう生きてきたのか、いま福島で何が起きているのか、そして何を私たちに呼びかけているのかを知るために、福島の人々の声に耳を傾けてみよう。

第Ｉ部「福島の声」には子どもから放射能を守る活動、福島の現状と脱原発を訴える運動、健康相談活動、有機農業を通じた地域の再生をめざす活動に携わる四人に寄稿していただいた。それぞれの身に三月一一日とその後に起きたことを辿っていくと、避難、家族と離ればなれの生活、作付禁止などが何の予告もなく突然降りかかってくることの不条理さがくっきりと浮かび上がる。「幻影につつまれたような日々を送ることになってしまった」（吉野、本書二五頁）という言葉に、その衝撃の強さを感ぜずにはいられない。

そして私たちは、事故直後から一貫する国や行政の無責任さをあらためて思い知らされ、その中で福島の人々が怒りと悔しさと無力感を抱えながら、いかに必死に抵抗してきたかを知るのである。これだけの人災が起きても、国は住民を守らないし、被害者の声は届かないことを、私たちはしっかりと心に留めておかなくてはならない。

だが、水俣病一つをとっても明らかなように、国が住民を守らず被害者の声を無視するのはこれが初めてではないことも思い起こそう。福島の人々の声を聴くということは、時を遡り、空間を超えて、近代科学・技術と経済成長主義によって生命を傷つけられ、土地に根差した文化を破壊されてきた数多くの〈福島〉の声を聴くことでもある。

また私たちは、原発災害の根本に、福島と東京、地方と都市の歪な関係が横たわっていることをあらためて知ることになるだろう。インタビューで有機農家の菅野正寿氏が述べるように、福島は長く首都圏への食料、労働力（出稼ぎ）、エネルギー（電気）の供給地であった。戦後、国の農業政策に翻弄され、農業と農村が疲弊していく中で立地自治体は原発を受け入れていくのである。

福島の人々を苦しめる不安、葛藤、亀裂も伺い知ることができる。いまも、あるいはいまだからこそというべきか、福島の人々は放射能への不安を周囲に話すことができない。若い女性たちも「保養に行きたいことを表立っては言えない状況にある」という（橋本俊彦、本書六八頁）。

避難すべきか否か、福島の米を食べるか否か、除染すべきか否かをめぐって家族内、友人間、地域社会内で亀裂と分断が起きたことはすでにさまざまなところで語られている。その真っただ中に生きる福島の人々はどう考えているのだろうか。吉野氏は次のように書く。

震災と原発事故以降、懸命に福島を生きている人がたくさん居る。私たちはその一人ひとりの決断と迷いを認め、声にならないほどの小さな声にみみをすまし、互いに寄り添い合う意味を狭めるべきではない。（本書四一頁）

同時に、福島に心を寄せる人々と福島の間にも微妙な落差があることを私たちは知るだろう。

福島の人はおとなしい。もっと怒ってもいいのに。そんな声がどことなく聞こえていた。私たちが怒っていないハズはないし、それどころか、悲しさと悔しさに日々気持ちがかき乱されている。いい加減な「風評」に抗すべく、何かやってみたい、それも目に見える形で。（黒田節子、本書五一頁）

放射能汚染の危険性に敏感で子どもたちを守りたいと思う人ほど、福島の農産物を忌避し、放射能ゼロの食品を求め、なぜ福島の人々は避難しないのかと問う。が、そんな問いかけに「困難を私たちだけで引き受けよというのか」と福島の人々が感じたとしても無理はない。農業をやめることも避難することも簡単な選択ではないからだ。福島の人々は、放射能をめぐる意見の対立、軋轢、葛藤からも苦しんでいる。だから「耳を澄ませ、互いに寄り添い合うこと」が大切なのだ。

そして、〈福島の声〉から聞こえてくるのは怒りや苦悩や悲しみだけではない。絶望してもおかしくない状況にありながらも、静かに、しかし深く大地に根を張るように、前を見据える姿が見えてくる。「子どもたちを放射能から守る福島ネットワーク」の吉野氏の報告から、子どもを守ろうとする親たちの自然発生的な運動が、瞬く間に全国に共鳴の輪を広げていったことが分かる。おそらくその運動に関わった人々の大半は、原発や放射能の専門知識を持っていたわけではなかっただろう。そういう親たちの一人が三・一一からの一年間を振り返って「生まれてから今までで一番勉強をした一年」（原田麻以、本書一三七頁）と語る。絶望にかられ、無力感にとらわれてもおかしくない状況にもかかわらず、そのように学び、力をつけていく姿に、なにか人間の秘めた力を垣間見るような気がする。

鍼灸師で健康相談を行っている橋本氏は、大震災を生き延びる智慧を学び合っていこうと語りかける。農地の放射能と格闘する菅野氏は、農家だけに責任を押し付けるのではなく、一緒に解決策を考えようと対話を呼びかける。

そしていまや脱原発運動の象徴的存在になった「原発いらない福島の女たち」の黒田氏は、総被曝時代に入ったことが鮮明になったいま、ますます強力なネットワークと今までの垣根を越えたグローバルで弾力性のある市民運動が求められていると語る。

これらの呼びかけの先にいるのは私たちである。

福島の声に応えようとするNGOと市民運動――支援者が「当事者」になった

こうした呼びかけに引き寄せられるように福島の人々の声に耳を傾け、福島を訪れ、交流や支援を始めている団体や個人がいる。そのうち本書第Ⅱ部「福島とともに」で焦点をあてるのは、普段は海外で支援活動を行う、あるいは海外の問題にとりくむ国際協力NGOである。日本国際ボランティアセンター（JVC）とシャプラニール＝市民による海外協力の会は途上国での農村開発や緊急支援に長年とりくんできた、日本を代表する国際協力NGOである。地球規模の環境問題にとりくむFoE Japanは、環境問題を軸に途上国と日本の関係を問い続け、日本政府の政策を変えるために提言活動をしてきた。国際協力NGOセンター（JANIC）は国際協力NGOのネットワーク組織である。

各団体の報告からは、一度や二度福島に行くだけでは、あるいは短期に物資の支援をするだけでは分からない、現場に長くいるからこそ知り得る福島の複雑な事情や人々の微妙な感情の襞が伝わってくる。それを通して私たちは、この災害が一人ひとりの人間に、それぞれの地域社会にどのような傷と痛みをもたらしたのか、その一端を垣間見ることができる。

そして、本書の報告や共同討論から浮かび上がってくるのは、実はこの原発災害では支援を行うNG

O自身も「当事者」になったということである。

それが端的に表れているのが放射能被曝の問題だ。どの団体もスタッフを派遣するからには、被曝の問題を考慮せざるを得ない。どこでどんな支援を行うのか、どのくらいの期間活動するのか。その判断を下すときに、福島の住民が突き付けられたのと同じ問題に答えを出すことをNGOも迫られた。

それだけでなく、福島にとどまる人々を支援することが、避難したい人々に無言の圧力になり、ますます避難できなくさせてしまうという批判に直面することになった。逆に、避難を促す活動はとどまらざるを得ない人々の苦悩を深めるのではないかという議論も出た。そうした状況で支援に関わろうとすれば、NGOはある立場を選ぶことを余儀なくされる。被曝、避難、除染をめぐる意見の対立に否応なく巻き込まれる。NGO自身が「当事者」になったのである。

その中で各団体や個人が何を考え、何に悩んだのかを読者と共有したいと思う。なぜならNGOだけではなく、言ってみれば日本に住む者全員がすでに「当事者」だからだ。先に述べた避難の問題だけでなく、食品の安全、がれきの処理、除染問題など、選択しようのない選択、解決策のない問題への答えを迫られているのは福島の人々だけではない。私たちも個人として、あるいは自治体の構成員や有権者としてそうした問題への判断を迫られている。その際、何をよすがとして判断するのか。それを考えるための手がかりが、NGOらの葛藤の中に見出せるのではないだろうか。

NGOにとって転機となるか

今回の震災と原発事故は、これからNGOが社会の中で果たして行こうとする役割をも問いかけている。阪神淡路大震災ではボランティアが社会的に大きな注目を集めたが、東日本大震災ではさまざまな市民団体の力がクローズアップされた。なかでも、私たちが注目したのは、普段海外で活動する国際協力ＮＧＯが初めて本格的に国内の災害救援に関わったことである。

ＪＡＮＩＣの調べによると、加盟一五七団体（二〇一一年一二月現在）の三七％にあたる五九団体が救援活動を行ったという。しかし、そのうち福島に関わった団体は一七団体（二〇一一年一一月時点）にとどまる。なぜか。その理由を突き詰めて考えていくと、ＮＧＯの存在意義という問題を考えざるを得なくなる。

なぜこれまで国内問題にとりくんでこなかったのか。なぜ福島支援を行うのか。福島支援と海外の途上国支援とはどう関係しているのか。原発問題にどういう立場をとるのか。福島支援を始めた団体は、これまで意識してこなかったこうした問題を考えるようになり、同時にこれまでの海外での自分たちの活動を振り返り始めている。

もしかすると、福島支援は日本の国際協力ＮＧＯにとって大きな転機となるかもしれない。途上国の「大変な」人たちを援助する「豊かな」日本の市民団体、というイメージから脱却して、途上国の人々と福島の人々の苦境を結び、国境を越えて社会の矛盾に光を当て、一緒に苦労しながらよりよい世界を作って行こうという、新しいＮＧＯ像が生まれるかもしれない。

福島と生きる

福島の人々はある日突然、選択しようのない選択を迫られ、解決策のない問題に答えを出すことを迫られることになった。避難するにしてもとどまるにしても、大きな経済的、精神的負担を強いられる不条理には変わりがない。除染して線量を少しでも下げたいと思っても、汚染廃棄物の処分場も決まらず、広大な山林を除染することなど不可能に思える。先行きを見通せない不安と、家族内や地域社会内の分断や亀裂から生じる重い精神的負担の中で、生活と将来像をどう立て直すのか。福島の人々が直面しているこの事態に対して、私たちのだれも明快な展望を指し示すことができない。

しかし、なぜこんな事態が起きたのかという問いに対する答えはすでに出ている。このような事態が起きると警鐘が鳴らされていたにもかかわらず、それを省みることなく原発の稼働を続けた責任は、国や東京電力だけでなく、結果的にそれを許した私たちにもある。福島の人々に突如降りかかってきた不条理な〈苦〉を福島の人たちだけに押し付けたままにするのか、少しずつでもそれを自分で引き受けていくのか。選択は私たち一人ひとりに委ねられている。

放射能汚染をなかったことにはできないが、この人類史上稀にみる複合災害に対して、私たちが国と東電、原子力ムラ、自治体、それぞれにしかるべき責任をとらせ、被害者の苦痛と苦悩を少しでも減らせるようにあらゆる必要なこと、可能なことをやったと言えるようになれば、この閉塞した日本の社会も少しは風通しがよくなるかもしれない。

そのためにできることを一人ひとりがしよう、というのが本書の読者へのメッセージである。

ＮＧＯや市民運動の役割の一つは政府を動かすことであるが、それは本書のＦｏＥ Ｊａｐａｎの報告が示すように容易なことではない。残念ながら日本ではＮＧＯや市民運動の力は大きくない。事故原因の究明も終わっていないのに、反対の世論にお構いなく原発の再稼働を強行するような政府を変えるには、市民一人ひとりの息の長い行動が必要だ。

同時に肝に銘じておかなければならないのは、原発がなくなろうが存続しようが、被害を受けた人々の苦痛と苦悩は続いていくということである。それをできるだけ減らすための法制度、生活・産業支援が必要だ。もちろん、そうした体制作りの責任は国と東電、自治体にある。が、国が動かないなら市民のレベルで福島の人々を支えていかなければならない。そうした活動をすでに多くのＮＧＯや市民運動、個人が始めている。たとえば、福島の子どもの保養、全国各地に避難した人々への支援、放射能汚染の実態調査、農産物の購入や農家との交流、健康相談と治療ができる診療所作り、国や東電を相手取った裁判など、多様な活動がとりくまれている。いまはそうした活動の輪は小さいが、これを社会の中で「多数派」の活動にしてくことができれば、そのときはいまとは随分違う日本になるだろう。

「総被曝時代」に入ってしまったいま、〈福島〉は〈私たち〉である。これから福島の人々とどう手を携えて、ともに生きていけるのか、私たちが〈福島〉に試されているのだと思う。本書は福島の内と外で、葛藤も、軋轢も、矛盾も抱え込みながらその挑戦を受けて立とうとしている人々の記録である。

福島と生きる／目次

福島と生きる

国際ＮＧＯと市民運動の新たな挑戦

福島と生きる

題字に寄せて

山田久仁子

私は東北の生れです。学校から帰るや、田んぼで遊び、山で山菜や茸を採り、冬は堅雪渡りに心が踊る、十代にそんな暮しを満喫した私にとって、3・11のあと、まっ先に、あの山菜や、田んぼや土は？　誰からも放って置かれるのかと呆然となりました。そして、その先に、福島の人、全員が、この渦中にあることの〝いたましさ〟がこみあげてきました。耳を澄ませ寄り添い合おうという本書の呼びかけと、何があっても生き抜こうとの思いを題字に寄せてみました。

（ピナツボ復興むさしのネット代表）

I 福島の声

1 ふくしまを生きる

（子どもたちを放射能から守る福島ネットワーク世話人）
吉野 裕之

寝ても覚めても原発事故のことが頭から離れない。夢で見た線量計の数字に驚いて飛び起きることもある。隣に娘が寝ていないことの意味がわからない朝。まるで幻影につつまれたような日々を送ることになってしまった福島の日々。すこし振り返ってみよう。

震災の起きるまで

チェルノブイリ原発で事故が起きたとき、わたしは大学二年生だった。なにか言いようの無い、重くて苦い不安を感じたことを覚えている。輸入物のジャムがあまりに安い価格で売られていた。食品への懸念が広がっていた。やがて学生時代を終え、社会人生活を送る中で世界を見たいという思いが強まり、約二年の旅に出た。旅先で出会う子どもたちの厳しい生活を目にし、帰国したわたしは、再びチェルノブイリのことが心配になった。子どもたちが苦しんでいるらしいと気付いたからだ。

　情報を求めたところ、チェルノブイリ子ども基金が支援活動をしていることがわかった。折しも、チェルノブイリの原発労働者の街、プリピャチ市出身の女性歌手が来日し、全国各地で救援コンサートを行っていた。ナターシャ・グジーさんだ。彼女の哀しくも凛とした歌声にチェルノブイリの子どもたちの苦しさや故郷への断ち難い想いを聴いた。福島・原町市国際交流協会主催によるコンサートだった。今の南相馬市原町区。市内が三つに区分（二〇一二年七月現在では、帰還困難区域、居住制限区域、避難指示解除準備区域、非避難指定区域の四つに区分）され、住民の生活が一変したままでいることは皆さん御承知の通り。

　生まれ育った福島市に戻り、会社員生活を再開していたわたしは、チェルノブイリ子ども基金に少しずつ寄付を始めた。使途はサナトリウム施設の運営費。甲状腺がんの手術を終え、体調不良が続く子どもたちが一時、保養地で過ごせること。大勢の友達と一緒にクラス単位で学習を行い、少しずつでも健康を取り戻していくこと。子どもたちの感想や施設運営の詳細を記したニュースレターが届くことは、遠く離れた福島に居ながらにしてチェルノブイリの子どもたちとのつながりを感じることができる貴重な手段だった。子どもたちへの直接的な支援となることが、励みにもなった。

　その後、平和と環境をテーマとした非営利組織（ＮＰＯ）に参加し、子どもの権利を考える市民活動に加わり、そうした住民本位の活動同士をつなぐためにできることを考えるようになった。そのきっかけと原動力は、ナターシャ・グジーさんとチェルノブイリ子ども基金とに分けて頂いたものと確信している。

　しかしどうだろう。今や福島が彼の地と比較されることになろうとは。自分の娘がナターシャさんと同じように故郷を後にせざるを得なくなろうとは。いったいどのような因縁だろうか。

震災が起きてから

三月一一日の地震発生時には、会社で仕事をしていた。あまりに強く、また長い揺れで、途中から冷静に周辺を見ることができたほどだ。向かいの木造家屋が大きく左右に揺れ、屋根瓦が次々と落ちた。ブロック塀も倒れた。職場も書籍や資料が散乱した。地震がおさまった後しばらくは物音ひとつせず、こんな静寂があるものかと不思議な感覚だった。ことの重大さに気付くまで、まだしばらくかかった。

まず最初に思い浮かんだのは原子力発電所の非常停止が上手くいったかどうかだった。ニュース速報で制御棒が自動で挿入され、全原子炉が正常に停止したと知って安堵したことを覚えている。その確認が済んだところで連絡の取れなかった妻子を探しにアパートに戻った。部屋の中は足の踏み場もないほどにものが散乱し、タンスが動いてしまったためにびくとも開かないドアもあった。隣家の車中に退避させてもらっていた妻子の無事も確認でき、避難所に向かうと言う二人を見送って実家へ急いだ。瓦が落ちていると知ったからだ。信号機が止まり、整然と先を譲り合う交差点。道路が陥没して落ち込んだ車、水道管が破裂して水浸しの道路、あちこちで倒れている塀。呆然と立ち尽くす人々。

停電でニュースも見られず、結局は家族で実家に避難した私たちには沿岸部を津波が襲っていたことなど知るよしもなかった。ましてや原発の電源が失われているなど…。止まった水道や電気への対策、食料品の手配、自身の後片付けに追われ、やっと電気が復旧した一二日の夕方、はじめて原発が危険な状態であると知った。ようやく繋がる電話は友人からで、「山形に避難するけど、一緒に行かないか？」「危険だから早く逃げて！」といったものだった。わたしはまだその時、六〇キロメートル以上離れた福島市まで放射性物質が飛んでくることは無いだろうと高をくくっていた。しかしすでにその一二日に放射性ヨウ素が降っていたことがわかるのはずっと後のことだった。

仕事のツテを頼って放射線測定機を借りたわたしはさっそく計測を行った。四月七日から測り始め、中心市街地の地上一メートルで毎時二・三マイクロシーベルト。花壇の上一センチメートルは毎時九・九九マイクロシーベルトオーバーで計測不能だった。福島県の発表によると、福島市で最も空間線量が高かったのは三月一五日の一六時以降で、毎時二四・二四マイクロシーベルトだった（表1）。

こうした放射線量の中、私たちは給水車や食料品店、ガソリンスタンドの列に長時間並んでいたことになる。一人いくつまでという配給に子どもたちと一緒に並ぶ家族もあったのだ。

民間の動きには素早いものがあった。小中学校の校庭で放射線量を測り、記者会見で公表したのだ。市民グループは放射線管理区域以上の数値に驚き、入学式や始業式の延期を求めた。また学校ごとの測定を行政に促し、ようやく統一的な測定が行われることになった。にもかかわらず年間二〇ミリシーベルトという暫定基準が設けられ、始業式も入学式も通常通りのスケジュールで行われたのだった。

しかし数値は残酷なまでに冷徹に指し示す。校庭の多くが高い放射線量であることを（表2）。

特に県北地域は九九％が放射線管理区域の基準となる毎時〇・六マイクロシーベルトを越えていた。専門の教育を受け、個人線量計での管理が義務付けられ、一八歳未満の労働禁止。さらに飲食も禁止されるはずだ。大人の八倍程も放射線に弱いとされている子どもたちに、放射線管理区域の設定となる年間五・二ミリシーベルトの約四倍もある年間二〇ミリを課そうとする文部科学省。一般公衆の追加的被曝限度量はもともと年間一ミリシーベルト。一体、子どもたちの健やかな育ちは、誰が保障するのだろうか？

表1　福島県内7方部　環境放射能測定結果（暫定値）／2011年3月15日の空間放射線量

単位：μGy/h ≒ μSv/h（マイクログレイ／時≒マイクロシーベルト／時）

月　日	測定時刻	県　北 福島市	県　中 郡山市	県　南 白河市	会　津 会津若松市	南会津 南会津町	相　双 南相馬市	いわき いわき市平
3.15	14:05	—	8.26	—	—	—	—	—
	14:10	0.06	—	4.02	—	0.08	—	—
	14:20	0.06	5.57	3.63	—	—	—	1.49
	14:30	0.05	4.14	3.50	0.10	0.07	2.40	—
	14:40	0.07	3.80	3.52	—	—	—	1.46
	14:50	0.07	2.79	3.44	—	0.07	—	—
	15:00	0.08	3.58	3.38	0.16	0.07	2.44	1.33
	15:10	0.11	3.62	3.48	—	0.08	—	—
	15:20	0.11	4.31	3.57	—	0.09	—	1.21
	15:30	0.13	4.22	3.84	—	0.09	2.43	—
	15:40	0.21	3.70	4.02	0.15	0.09	—	1.27
	15:50	0.86	3.76	4.56	[illegible]	0.10	—	—
	16:00	1.75	3.81	5.02	0.14	0.10	2.43	1.39
	16:10	4.13	3.63	5.30	—	0.12	—	—
	16:20	7.24	3.71	5.37	0.12	0.17	—	1.43
	16:30	9.87	3.72	5.38	0.13	0.34	2.44	—
	16:40	13.58	—	5.74	0.18	0.54	—	1.36
	16:50	17.14	3.77	5.72	0.18	0.55	—	—
	17:00	20.26	3.09	5.69	0.20	0.71	2.43	1.23
	17:10	22.30	3.09	5.55	—	0.94	—	—
	17:20	21.72	3.18	6.28	0.43	1.08	—	1.23
	17:30	22.52	3.17	6.75	0.61	1.06	2.43	—
	17:40	22.68	3.27	6.73	0.83	1.00	—	1.27
	17:50	23.12	3.42	6.77	0.89	0.97	—	—
	18:00	23.18	3.54	6.70	1.02	0.93	2.46	1.32
	18:10	23.94	3.62	6.73	1.12	0.95	2.47	—
	18:20	23.96	3.37	6.78	1.07	0.96	2.66	1.19
	18:30	24.18	3.40	6.89	0.97	0.98	2.69	—
	18:40	24.24	3.40	6.75	1.04	0.97	2.78	1.27
	18:50	24.00	3.40	6.82	1.02	0.91	2.86	—
	19:00	23.88	3.44	6.87	1.12	0.88	3.05	1.30
	19:10	23.86	3.46	6.85	1.07	0.81	4.31	—
	19:20	24.04	3.49	6.91	1.07	0.76	4.74	—
	19:30	24.08	3.47	6.93	1.05	0.68	4.96	—
	19:40	23.70	3.49	6.92	1.13	0.66	4.83	—
	19:50	23.40	3.45	7.01	1.12	0.63	4.73	—
	20:00	22.00	3.48	7.24	1.18	0.59	4.62	1.12
	20:10	21.70	3.49	7.01	1.27	0.58	4.54	—
	20:20	22.00	3.48	7.12	1.28	0.52	4.50	—
	20:30	22.20	3.52	7.20	1.14	0.53	4.49	—
	20:40	22.20	3.51	7.12	1.16	0.49	4.51	—
	20:50	22.60	3.49	7.67	1.14	0.49	4.51	—
	⋮	⋮	⋮	⋮	⋮	⋮	⋮	⋮

出所：福島県ホームページ（2011年3月23日8時現在）より作成。

表２　「福島県放射線モニタリング小・中学校等実施結果」の集計

方　部	空間線量率（μSv/h）	校数	割合
県　北	0.6未満	4	1.0%
	0.6－2.2	166	42.5%
	2.3以上	221	56.5%
県　中	0.6未満	158	34.6%
	0.6－2.2	207	45.4%
	2.3以上	91	20.0%
県　南	0.6未満	56	42.4%
	0.6－2.2	75	56.8%
	2.3以上	1	0.8%
会　津	0.6未満	59	23.4%
	0.6－2.2	193	76.6%
	2.3以上	0	0.0%
南会津	0.6未満	37	100.0%
	0.6－2.2	0	0.0%
	2.3以上	0	0.0%
相　双（避難地区を除く）	0.6未満	4	3.8%
	0.6－2.2	80	76.2%
	2.3以上	21	20.0%
いわき	0.6未満	77	29.2%
	0.6－2.2	187	70.8%
	2.3以上	0	0.0%
県　計	0.6未満	395	24.1%
	0.6－2.2	908	55.5%
	2.3以上	334	20.4%

※「同モニタリング結果」では「1m高」と「1cm高」の測定値があるが、他の資料との整合性から「1m高」で集計

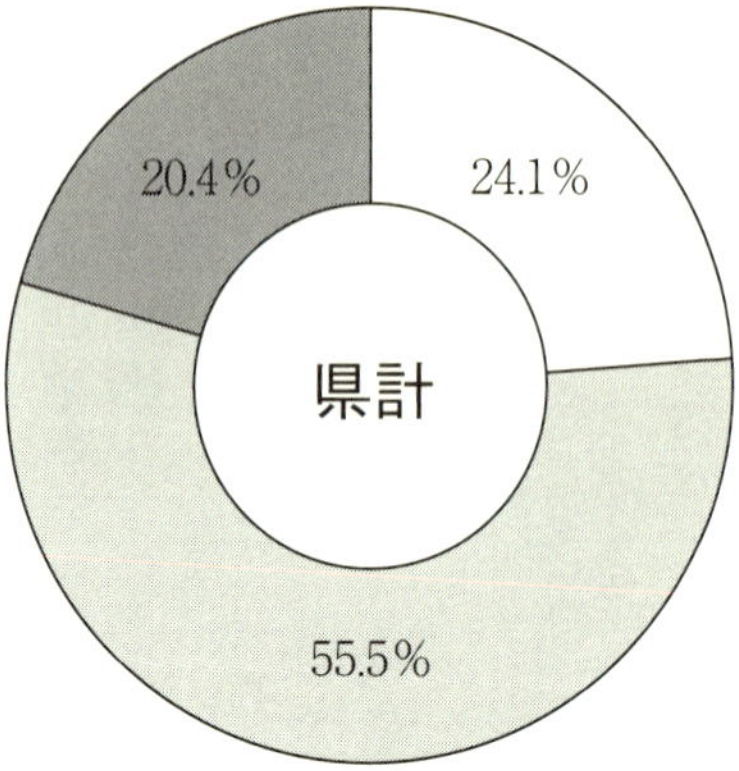

空間線量率（μSv/h）

0.6未満「管理区域」基準以下の放射線が観測された学校

0.6－2.2「管理区域」*1に当たる放射線が観測された学校

2.3以上　同区域で「個別被ばく管理」*2が必要となり得る放射線が観測された学校

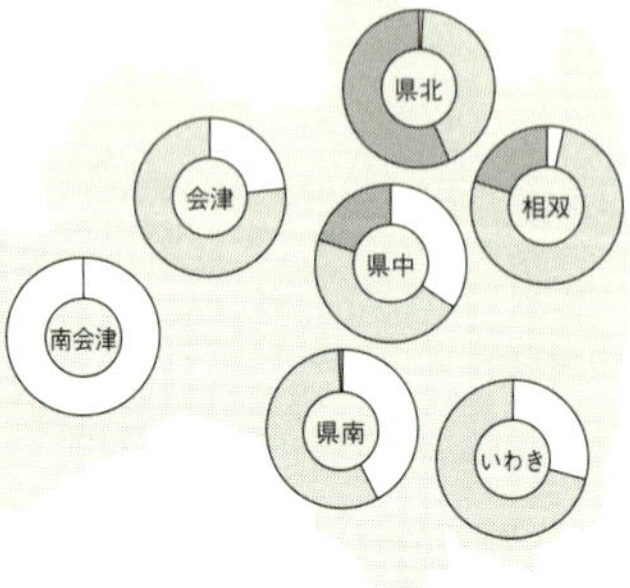

方部別集計の円グラフ

*1　0.6－2.2「管理区域」

人が放射線の不必要な被ばくを防ぐため、放射線量が一定以上ある場所を明確に区域し、人の不必要な立ち入りを防止するために設けられる区域

*2　2.3以上「個別被ばく管理」

管理区域内において、放射線業務従事者が被ばく量の許容値を超えないようにするため、区域内で受ける外部被ばく線量及び内部被ばく線量を、一人ひとり個別に計り管理すること

○集計結果の分析

1. 調査対象の小中学校等の**75.9%**で、「管理区域」基準を超える放射線が観測されている。
2. 全体の**20.4%**の学校等では、「個別被ばく管理」が必要となりうる放射線が観測されている。
3. 方部別に見ると、**県北・相双**で高い放射線量率が観測された割合が高く、**96〜99%**の学校で「管理区域」基準を超え、特に**県北**では調査対象校等の**56.5%**で「個別被ばく管理」が必要となりうる水準にある。
4. **県中・県南・会津・いわき**では、**58〜76%**が「管理区域」基準を越えている。なかでも**県中**では**20%**の学校が「個別被ばく管理」を必要としうる放射線量率が観測されている。
5. **南会津**では調査されたすべての学校等において、「管理区域」基準を超えたものは**0校**であった。

出所：福島県発表データ（2011年4月5日〜7日）を「子どもたちを放射能から守る福島ネットワーク」が集計。

市民グループの自然発生的な発足

そこで、被災地の保護者を中心とした市民グループ「子どもたちを放射能から守る福島ネットワーク」（子ども福島ネット）が作られた。五月一日のことだ。放射線への不安を抱く保護者が二五〇人集まり、関心のあるテーマごとに話し合いを行った。

情報が錯綜するなか、どの情報が子どもたちを守ることにつながるのかを見極めようとする「知識普及班」（現、情報共有班）、きめ細やかな確認を行い、子どもの触れる土をきれいなものにしたいとする「測定・除染班」（現在は解散）、食品の安全性や免疫力のアップを考える「防護班」、避難や疎開、保養をサポートする「避難・疎開・保養班」の四班だ。参加者がそれぞれの班に参加し、自分でできることを率先して進めようと確認された。もはや、自分の子どもを守るためには他の誰も頼れないとの危機意識が高まっていた。

放射能汚染への不安を抱き、集まった保護者たち（全体集会）／2011年5月1日（撮影：吉野）

グループに分かれてのディスカッション（避難・疎開・保養班）／2011年5月1日（撮影：吉野）

さっそく、測定・除染班へ

子ども福島ネットによる文部科学省への申し入れ風景／2011年5月23日

の問い合わせが相次ぎ、県外のさまざまな団体や企業から提供された放射線測定器が貸し出された。また除染の依頼が相次ぎ、特に無認可保育園を優先した除染が行われた。除染の経験などあろうはずもなく、学習と手探りの経験とを重ねての作業だった。保育園の保護者が勤務する建設会社の重機がうなり、保育士もマスク姿の重装備で園庭の土を削り取った。みな、必死だった。

県外の多くの方々から続々と支援情報が寄せられ、自主的な避難も相次いだ。他県の議会やボランティア団体の方々、研究者の視察が引きも切らず、マスコミ取材への対応も相当なものだった。福島県の放射線健康リスク管理アドバイザーは三月一九日から各地で講演会を行い「一〇〇ミリシーベルトを浴びても健康への問題は無い」と説明して回った。「むやみに放射線を恐れることによるストレスのほうがよほど健康に悪い」との説明は、チェルノブイリ事故後のソヴィエト政府による説明と酷似しているそうだ。リスク管理アドバイザーが飯舘村で「現在の線量では全く問題がない。気にしないで今まで通りの生活をしてかまわない。子どもはストレスをためないように外で遊ばせてもよい」と諭した翌日、飯舘村は強制避難と決まった。その説明と措置との齟齬について、いまだ何の説明もない。

一〇〇ミリシーベルトはもとより、暫定基準として課された年間二〇ミリシーベルトの設定が福島県民に重くのしかかった。法律で定められた基準の二〇倍もの数値が子どもにも適用されることを保護者が納得するはずもない。そこで保護者たちはたがいに呼び掛け合い、福島と郡山からバスを仕立てて文部科学省へと交渉に向かった。

テラスに座り込んで交渉を開始すると、全国から駆け付けてくれた沢山の応援者が熱い思いで寄り添ってくれた。岡山から来たという妊婦さん、学生さん、当事者としての必死な思いがひとつになった貴重な時間だった。

交渉の翌日、文部科学大臣は「学校生活における今年度の被ばく量は、一ミリシーベルト以下を目指す」という声明を発表した。一見、市民活動の勝利に見えるが、「今年度」ということで最も線量の高かった三月の数値を除外し、「学校生活での」ということで校門の中だけの話にとどめ、「目指す」ということで達成できない場合の責任を回避した声明だったといえる。つまり、子どもの生活環境すべてでの累積を考えれば、達成不可能なことがわかっているうえでの政治的な発信に過ぎなかったわけだ。

しかし子どもたちが放射線量の高い日常生活を送らなければならない謂われはない。仮に一時的ではあっても、放射線量の低い地域に出て、学年単位、あるいはクラス単位での「サテライト疎開」を実施して欲しいと訴え続けているが、行政はなかなか実施しようとしない。子どもたちにとっては、できるだけ日常生活を保ったままの疎開生活があればと思う。担任の先生、クラスメイト、教科書とともにある疎開であれば、安心感が違うだろう。

行政の対応とその課題

原子力発電所を持つ自治体として、予めどう対応してきたのか、また、刻々と変わる事態にどう対応したのかが問われるシーンが相次いだと思う。ここでは二つ考えてみよう。

まず一つは言説の不一致だ。先にも触れた放射線健康リスク管理アドバイザーだが、県内をくまなく行脚し「現在の放射線量で健康被害はありえません。気にすることがストレスの原因となり、そのために健康を害するほうが問題です」と触れまわった。その説明は新聞にも、県や市町村の広報にも、生活情報誌にも掲載され、「原発事故が起きても福島は安心ですよ。暫定基準値内の食品しか出回っていませんから、何を食べても問題ありませんよ」という雰囲気を作り出した。こうした説明は特にお年寄りや経済界から歓迎されたようだ。この説明に従えば、放射能を気にすることなくこれまで通りの生活を続けることができるのだ。実際、それを信じることができればどれほど嬉しいことだろうか。

一方、同じアドバイザーは福島県立医科大学の入学式で来賓挨拶を行い、「福島県立医科大学は、これから長崎大学と組んで、放射線医学の最先端の研究を行います。ヒロシマ・ナガサキは福島に負けました。世界のどこでも、フクシマという名前を知らない人はいません。すごいですね。この時期に入学した皆さん、おめでとう」と語った。彼は今、三〇〇床のベッドを持つ放射線管理の専門病棟を新築中だ。福島県立医科大学副学長という立場で。

しかし一体、年間一〇〇ミリシーベルトを浴びる環境になど無い福島で、どうして三〇〇床の新しいベッドと専門病棟が必要なのだろうか？　健康を害する人など一人も出ないはずなのに。ストレスが原因ということであれば、必要とされるのは心療内科なのではないだろうか？

二〇一二年元旦の年頭挨拶によると、福島県知事は「日本一健康な県を目指す」という。一瞬、耳を疑うかのような目標だが、論理は次の通り。放射能に晒されてしまった福島県民を対象とし、定期的に健康診断を施す。綿密な検診で病気の元を早期に発見する。最先端の技術を導入してあらゆる病気に対処する。つまり、放射能に汚染されたが故の健康保全。身の回りに潜む放射能リスクが必然とする検診と充実した医療。そのリスクが何に起因したものなのかを忘れるわけにはいかないが、従来から早期発見と早期治療は求められるべきものだ。皮肉ともいえる目標ではあるが、せめてもの策として見守りたい。

二つ目は、情報の公開をめぐる問題だ。特に福島県民はSPEEDI（緊急時迅速放射能影響予測ネットワークシステム）のデータ公開が遅れたことを許そうとしない。莫大な税金を投入して開発され、毎年の原発事故を想定した訓練でも主要な役割を果たしたというシステムを、最も必要とされる大事な事態で反故にしたのだ。仮想データではあっても、迅速に公開していれば被ばくを避けることができた可能性がある。特に放射性ヨウ素被ばくを避けられたとしたら、子どもたちへの負担も保護者の心配の度合いも変わっていたかもしれない。後に福島県は「パニックになることを恐れて公開しなかった」と説明した。

しかし、もともと、情報は県民のものだ。一時的にその管理と運営を委ねているに過ぎない行政に、命に関わる情報の管理をこれ以上任せられるのか、瀬戸際の選択を迫られているのかもしれない。これは福島県に限った問題ではないだろうが、実は届いていたというメールデータのほとんどが削除されていたと聞いては尚更だ。

仮に県だけでは対応しきれない場合も含めて、危機管理をどの程度の割合で分担し合うのかが問われる。国、県、市町村、そして住民、県外の支援者。さまざまな視点から事象を読み取り、それぞれのスキルと現場性を補完し合って対処すべきだった。人類の歴史上でもほとんど経験しえない事態にもかかわらず、これまでの前提を崩したくないがための不用意な守りにこだわり過ぎていないだろうか？

まずは事態が深刻であることを率直に共有し、そのためにすべきことをオープンにすること。各人の選択に寄り添い、認め合うこと。やり直すことを恐れないこと。縦割りといわれるものを一時の力技で横にしたとしても、どうしても隙間ができる。その隙間から「信頼」が漏れ出してしまいかねない。

市民活動という可能性

マハトマ・ガンジーは、ある青年の「民主主義は今、どうなっているのですか？」という質問に答えたそうだ。「民主主義か、それは可能だ」と。つまり、いまだ実現してはいないが、不可能でもないということだろうか？　今も当時と同じ状態かもしれないが、現代には可能性を高めるツールがある。インターネットだ。ネット環境への接続可能性が情報収集の格差を生む危険を承知しつつも（それには補完できる手段もある）、草の根的な市民活動とインターネットとの出合いは時代の幸運といえるだろう。

アメリカの学者で平和運動家のノーム・チョムスキーが映画『マニュファクチャリング・コンセント』の中で示したのは、住民自らの発言の重要性だったのではないだろうか？　つまり、客体として受動することから主体として発信し合うこと。自らが情報というコンセントにプラグインすることで、それが可能になる世界に生きているということをどう意識するかが大切だ。

マスメディアによる情報がどう構成されているのかに目を光らせつつ、自らの関心を保ち、理解の道筋を探る努力を続けること。その意味で、自らの声を届ける意味を今ほど問われている時代はないのではないか。それも、被災地で苦しむ住民が自らを問うという形で。その現地で問われているのは最も弱い存在である子どもの健やかな育ちであり、家族の幸福そのものなのだ。

市民活動での情報発信は、市民メディアの形で広がっている。集会のネット中継やアーカイブは、その地に足を運べない人たちをつないでいく。誰でもが、自らの声を発信できる環境にある。多様な情報の中から取捨選択する努力は必要となるが、常にオルタナティブな可能性を意識しつつ目の前の状況に臨むことができるのだ。そうして得た情報を駆使して、今、何が起きつつあるか。それは「善意の連鎖」といえるものだろう。

福島の子どもたちは放射能汚染を危惧して外遊びを控えている。強制避難の子どもたちは、友達と遊ぶ環境そのものを奪われた。住み慣れた故郷を離れ、慣れない生活を強いられている。子どもたちに失望感や喪失感を味わわせてしまったことを大人の一人として悔やみきれない。一方、そうした子どもたちを心配し、保養ツアーに誘っていただく機会が増えている。県外の方々の善意が「保養」を手段として現実化しているのだ。実はその多くの方が後悔と懺悔の気持ちで取り組んでいると打ち明けてくれた。同感だ、私もそうなのだから。

汚染のある地域に暮らす子どもたちは保養先で放射線レベルを気にすることなく、本来の姿に戻って思う存分外を走り回る。友達と一緒にふざけ合い、疲れて休む時間。今やそうした当り前の時間が貴重なのだ。子どもたちの健やかな成長発達にとって、放射能汚染がいかに大きな負担になっているのかがわかる。それがわかるだけに、善意の取り組みは広がりを見せ、また充実度を増し、大人と子ども、子ども同士、大人同士の顔の見える関係、心の通じる関係が生まれ育っているのだ。「子ども」と「保養」というふたつのキーワードで考え、対応することで、誰しもが気に留めている「何かしたいけど、一体、何をしたらいいのだろう」という問いへの答えを見出すことができるようだ。その善意を、やわらかくつないでいくことができたら…。そう考えて実施したのが「放射能からいのちを守る全国サミット」（二〇一二年二月一一日〜一二日）ということになる。

サミットと聞くと上層部の限られた人たちの話し合いというイメージがあるが、今回のイベントでは「一人ひとりが自らの思いと行動の頂点＝主体である」という趣旨で準備を始めた。避難者受け入れで実績のある「札幌むすびば」、情報収集と発信で中心的に動いている「子どもたちを放射能から守る全国ネットワーク」（子ども全国ネット）、そして私たち「子どもたちを放射能から守る福島ネットワーク」

「放射能からいのちを守る全国サミット」の様子／2012年2月11日（撮影：吉野）

（子ども福島ネット）が呼びかけ人となり、全国の避難者サポート団体や保養プログラム実践者同士の交流～連携のステージを準備した。お互いの活動を交換し合い、より具体的なサポートを考える機会となった。

また、放射線への不安を抱えて生活している県民に「保養プログラム」を紹介し、まずは心身のリフレッシュを図る必要性を伝えた。北海道から石垣島まで七〇を超える団体が参加し、二日間で一〇〇〇人以上の交流が実現した。各地で熱く繰り広げられている避難者サポートの実践が、初めて福島県内で紹介されたのではなかろうか？

キーワードは〝みみをすます〟。困難な状況にある人に寄り添い、人と人とが連帯してできることを考え、力を合わせる。「善意」が「不安」に寄り添う光景は、震災という悲惨な体験をしたわたしたちにとって得難い宝物になった。ましてや福島を今も覆っているのは原発事故という人災だ。これを単なる物理的な事象とだけ捉えていては解決には程遠いだろう。〝みみをすま〟し、〝寄り添い合う〟という人間の本質を問う行動こそがこの事態に対することのできる手段だ。サミットでそれが確認できた。

表現にまで還元する

故郷を追われるというテーマは、多くの「表現」に見ることができる。しかし自分の身にそれが起きたとき、にわかに信じ難い衝撃を感じるのだ。残念ながらその衝撃は長く続く、いわば止むことのないにぶい痛みとしてわたしたちを苦しめる性質のもののようだ。数値や物質の名前だけで測りきれない何かが重くのしかかっている。それを時間に、身体感覚に、表現に、そして記憶に還元することでようやく捉え直すことができるのではないかと考えている。

二〇一一年一〇月二七日、敬愛するドイツの映画監督ヴィム・ヴェンダースが福島市内の映画館、フォーラム福島を訪ねてくれた。3Dで撮影された世界で初めての芸術作品といわれる『ピナバウシュ』のプレミア上映をするためだ。震災発生直後から福島のことを心配し、「福島を訪ね、映画を上映したい」とメッセージを送ってくれていた。上映に先立って飯舘村を訪れた彼は、自らの身体感覚で放射能汚染に向き合った。

「今日、私は飯舘村に行きました。夕陽が沈むころで、田畑は美しかった。風も気持ちの良いものでした。しかし放射線測定器は八マイクロシーベルトを示していました。そこは美しい地獄でした。私は生れて初めて、自分の目が信じられなくなりました。」

ヴェンダースは行き先を求めて放浪する〝ロードムーヴィー〟の先駆者。行き着く先はどこなのか？

身体的にも精神的意味でも、定住先はあり得るのか？　はたして？　それを映画で描き続けてきた彼が自分の目の感覚を信じられなくなるという事態。その告白は重いものだった。彼は舞台挨拶の最後にこう切り出した。これほど静かで真剣な語り口は、これまで聞いたことがないというくらいに哀しみに満ちていた。

「私にできることは何ですか？」

長年のファンであるわたしはこの問いに何を思考することができるのか？　一瞬の間合いを置いて手を挙げ、そして応えた。

「わたしはあなたの映画をずっと見てきました。あなたの映画は、あなたの人生に寄り添うように共に歩みを重ね、丁寧に生き続ける映画です。そんな映画監督はほかにいません。行き着く先を探し求める主人公に、わたしたちは今、自分を重ねざるをえません。福島では放射能を恐れて母子が疎開し、わたしのように父親だけが残る「家族の分断」が起きています。これは「除染すれば済む」というような表層何センチメートルの話ではありません。今日見せていただいた『ピナバウシュ』のように、身体表現、色彩、言葉の力、自然の音や音楽、そして静寂、つまり精神の在りかそのものに関わる問題です。それを描けるのは映画です。今日、あなたは飯舘村でご自分の目を信じられなくなったと仰しゃいました。大変なことです。しかしあなたは映画監督です。これからも映画を作り続けて下さい。今日の飯舘村でのご経験は、あなたのこれからの作品のどこかに、意識せずとも、いや、意識しない処により一層、現れ出ることでしょう。私たちはその作品の中に自分の経験や思いを重ね、あなたの悲しみや、それでも溢れ来たる美を読み解くでしょう。私たち観客に問われる力量も並大抵のものでは済みません。しかしそこで感受し、読み解けるものの中にこそ、わたしたちを救い、勇気づけ、わたしたちそのものになる力がある。その力を呼び起こすのがあなたの仕事です。暗闇に息をひそめ、集う者同士が共有するあなたの作品。わたしたちはその時間を待っています。」

その後、フォーラム福島の総支配人、阿部泰宏さんのもとに彼から連絡が入った。飯舘村で映画を撮ることを決めたそうだ。

おわりに

二〇一一年一一月一一日から一三日にかけて福島大学を会場に「ふくしま会議」というイベントがあった。福島県民の声を発信しようという趣旨で参加が呼びかけられ、わたしはもう一人の担当者と二人で「子どものいのち」という分科会を担当することになった。このイベントのチラシ校正を見て驚いた。キャッチコピーに「福島で生きる」とあったからだ。

何を論拠に「福島で」といえるのだろうか？　私たちの愛した三月一一日より以前の「福島」など、もうどこにも無いのに。また放射線への恐れから県外に避難している数万人の人たちも福島の人だ。「福島で」と声高に叫ぶことが、いかに彼らを追い詰めるのか？　ここに居ることの意味を見つめ直さねばならない事態において、言葉の使い方にはこれまで以上の繊細さが求められるはず。直感的に乱暴さを感じた。

反対したが、もう印刷工程に回っていた。わたしは提案した。「福島を生きる」にしようと。それであれば、どこに居ようとも福島を想い、自分を生きることで福島を生きることにもつながりそうだからだ。震災と原発事故以降、懸命に福島を生きている人がたくさん居る。私たちはその一人ひとりの決断と迷いを認め、声にならないほどの小さな声にみみをすまし、互いに寄り添い合う意味を狭めるべきではない。

今回の事態で、たとえ縁もゆかりもない県外の方とでさえ情報を交換し合い、不安を共有し、話ができるのだということを学んだ。その過程を大事にすべきだ。反省すべき点をきちんと出し合い、どのような立場にあってもまずは子どもたちの健やかな育ちを守ること。子どもの権利という国際的な物差しを使うのも有効だろう。何に対してどのような基準をどう使うのか、特に被災地に住む私たちからの新しいアプローチが求められている。

先に触れたが、今、福島の子どもたちに求められているのは「保養」だと実感している。避難・疎開という選択肢を取れる人はすでに福島を離れている。毎時二〇や三〇、場所によっては五〇マイクロシーベルトを超えるようなホットスポットが散見される福島に生活する子どもたちには、安心して外遊びのできる環境が必要だ。そのために全国の市民団体の皆さんが力を尽くして下さっている。福島の子どもたちを招こうと、各地に新しいネットワークが築かれつつある。

生産者や行政、商店や企業、議会の協力を得られる地域もある。福島に思いを馳せ、具体的手段として子どもたちに寄り添っていただくこと。その温かな環境の中で子どもたちは自分たちが受け入れられている安心感を得ることができる。

一方、残念ながら市民団体の呼びかけはすべての子どもたちに届けることができるわけではない。一定レベルの汚染がある現状では、子どもたちに公平に「保養」の機会が提供されるべきだと考える。長期休暇に限らず、学校の教育課程に組み入れる形で「保養」を実現していけば、参加不参加の格差が生まれず、級友とともに「保養」できる安心感も得られる。

中間貯蔵施設はおろか、仮置き場さえ決められない中で除染は遅れる一方。そもそも除染ですべてが解決するとも思えず、除染中の放射性物質の飛散も懸念される中、一定期間の「保養」を繰り返す「ローテーション保養」で子どもたちのストレスを減らさなければならないと感じている。

少子化で目立つ県内外各地の空き教室を借り、クラス単位で子どもたちを保養に出す。担任も教科書も変えずに学習を行い、週末は受け入れ地域の自然や歴史を学ぶ。少人数であれば受け入れ側の対応もスムーズだろう。ローテーションによって同じ小学校から学年やクラスの異なる子どもたちが月替わりで受け入れ学校に通ってくる。こうなると姉妹校のようなものだ。やがては地域ぐるみの付き合いも生まれ、より密接な関係が築かれるだろう。これが防災協定などにつながる可能性もある。体力の低下、免疫力の低下の防止のみならず、子どもたちが自然と触れ合って遊び、感覚や感性を育てるうえでも不可欠な対応なのだ。子どもたちの身体や精神の健やかな育ちのため、ローテーション保養＝教育の一環としての「移動教室」の実現を切に願っている。

当事者としての市民と行政とが共に連携し、役割分担しながら善処を目指していく。そしてその情報を公開し、発信していく。それが、世界中に汚染を広げてしまった県民としての責任だ。この事態を生み出し、その渦中に生きることになってしまった私たちは、被害者であると同時に加害の責務を負ってしまった。自分たちがどう考え、動くのか…。先を照らすはずの光はまだどこにも届いていない。

参考文献

『THE BIG ISSUE JAPAN』第187号、二〇一二年三月一五日。

2
福島に生きる

黒田節子
（原発いらない福島の女たち）

「親愛なる皆さんへ
　最大・最良の行動は、今、原発からなるべく離れることだと思います。私たちは、緊急に会津に逃げます。友人も南へ、西へ逃げています。電話が不通です。メール可能が多い。間もなく移動します。PCはいつもひらくことはできなくなります。携帯アドは〇〇〇です。共に生きましょう！　道を開きましょう！」

こんなメールを日頃世話になっている方々に誰彼となく送ったのは、昨年（二〇一一年）三月一三日の朝八時過ぎ、大地震からおよそ四〇時間。その二日後の一五日が最も高い放射線値を出しているから、福島第一原発では危機的な状況に刻々と陥り始めていた頃だ。高崎に避難先を変えて一〇日ほど。この時に群馬県でもホウレンソウとカキ菜に出荷規制が出た。有機農業で安全な土造りに汗流して頑張っている妹夫婦のショックは、見ているのも辛いものだった。いったい、なんでこのようなことに。

間に合わなかった、力及ばずだった、美しい故郷と子どもの未来を汚してしまった。福島にはたくさんの子どもがいる、赤ちゃんが産まれる。これは悪夢ではなく、切迫した現実そのものだ。私たちのやらなくちゃいけないことは目の前にある――。

これは、事故の一カ月後にあるところに寄稿した文章の冒頭である。切迫したあの時のことは、今でも胸に迫るものがある。しかし「私たちのやらなくちゃいけないこと」は、その時に思った以上に実に多岐にわたることが分かってきた。

県内でも新旧さまざまなグループが精力的に（必死に、というべきか）活動を始めることとなった。まず、私が関わっているいくつかのグループを簡単に紹介したい。

「脱原発福島ネットワーク」（http://nonukesfuk.exblog.jp/）――チェルノブイリ事故後から活動を続けていて、今日福島で活動しているさまざまな脱原発の運動体の基礎となる部分を長い間担ってきた。その努力に対して、二〇一一年末、多田謡子反権力人権賞（自由と人権の擁護のために取り組む個人・団体に贈られる賞）が贈られている。

「ハイロアクション福島原発四〇年実行委員会」（http://hairoaction.com/）――福島原発四〇年を機に二〇一〇年より活動を続けている。世代交代を意識的に図った「脱原発福島ネットワーク」リニューアル版といってもいいかもしれない。

「子どもたちを放射能から守る福島ネットワーク」(http://kodomofukushima.net/)――震災後に発足。その名の通り、子どもたちを放射能から守るためにめざましい活動を展開中(本書第1章参照)。

「原発いらない福島の女たち」(http://onna100nin.seesaa.net/)――震災の年の一〇月末、経済産業省前のテントに福島の女たちが大挙上京して三日間の座り込みをしたことからデヴュー。共生の視点・やり方を大切にして、座り込み、リレーハンスト、ダイイン、かんしょ踊り(「会津盤梯山」の古式の踊り)等、果敢なアクションを起こし続けている。

これら四つのグループに呼応して、さらにまた新しい動きも活発に生まれているところだ。もちろん、全国のたくさんの心ある人たちの熱い支援がなければ、このような展開が一日たりとも成立し得なかったことは言うまでもない。

さて、このような多岐にわたる動きの中で、私からは特に「福島集団疎開裁判」(→世界市民法廷)と「福島原発告訴団」、そして「原発いらない福島の女たち」という三つのアクションについて報告し、福島に生きる私たちの課題として、今後どのような方向性を求めていくべきかについて考えてみたいと思う。

福島集団疎開裁判

二〇一一年六月、福島県郡山市の小中学生一四人が市を相手に、年間一ミリシーベルト以下の環境で教育を受ける権利を求め、仮処分を申し立てた。一四人が通う七つの学校では、同年三月一二日～八月三一日までの地上一メートルの放射線量の積算値がなんと七・八～一七・二ミリシーベルトにも達する値を記録している。この現実を放置できるはずはない。

賠償金ではなく、「安全な場所での教育」を求めての裁判である。ガンや白血病など健康障害が発生してからではお金で償うことはできない。審理は異例の延長となった。審理終了の直前に文部科学省がセシウムの土壌汚染のデータを公表し、初めてチェルノブイリ事故との具体的な対比が可能となったことも、延長の大きな要因になったと考えられる。

矢ヶ崎克馬琉球大学名誉教授は意見書で、チェルノブイリ事故当時のセシウムの汚染度が郡山市と同程度であったウクライナ・ルギヌイ地区の事例を取り上げ、「チェルノブイリ事故以後、この地区では異常な健康障害が発生したが、郡山の子どもたちをこのままにしておくと今後同様の事態が予測される」と指摘。一四人の中立人が通う学校周辺の測定地点を観察したところ、すべての学校がチェルノブイリの基準では住民を強制移住させた「移住義務」地域に該当していることが分かった。

しかし、郡山市は次のように言うだけだった。①その後、順調に学校での放射線量は下がってきた。②転校の自由がある。危険だと思えば転校すればよい。③郡山市は子どもの学校滞在時間以外は、関知しない。④安全な環境で教育を受ける権利、これを侵害しているのは事故を起こした東京電力であって、市ではない。⑤可能な限りの努力を尽くしている。だから、子どもたちの「安全な環境で教育を受ける権利」は侵害していない、と。

一二月一六日、「棄却」の決定。即座に当日夜、郡山で記者会見が開かれた。「これは人権宣言の正反対とも言うべき、人権〝放棄〟の宣言です」(柳原敏夫弁護士)。一二月二七日、仙台高裁に即時抗告申立てがなされた。以後、舞台は仙台に移されることになる。今後は宮城・女川原発を抱える仙台市民と福島県民との、新たな交流が始まるだろう。

今、福島集団疎開裁判は「世界市民法廷」にも引き継がれている。世界市民法廷とは、ベトナムにおけるアメリカの戦争犯罪を告発するために一九六七年に開かれた「ラッセル法廷」(ベトナム戦犯国際法廷）を起源とするもので、今回は当時の推進者の一人でもあるアメリカの思想家ノーム・チョムスキーなど世界中の良心的知識人、平和運動家らの支援も得ながら、東京では二〇一二年二月二六日に、郡山では同年三月一七日に「開閉廷」された。東京二〇〇人以上、郡山一〇〇人以上と、満席の参加があり、会場は熱気に包まれた。当然ながら「原告勝訴」（中立容認）の意思表示のカードで会場は埋めつくされた。

福島原発告訴団

福島原発事故によって被害を受けた人々が東京電力と国の原子力委員会、原子力安全委員会、経済産業省原子力安全・保安院などの責任者を刑事告訴する――この目的のもとに二〇一二年の三月、福島原発告訴団が結成された。広く告訴人を募り、集団で告訴し、重要なポストにいる責任者には、個人としてもしっかりと責任を取ってもらいましょうというものだ。これだけの大惨事を引き起こしながら、総無責任体制がしかれていることに改めて怒りを覚える。第一次告訴は県内のみとし、同年六月一一日、この怒りを一三二四人の告訴団という形にし、福島地裁に告訴状を持っていった。これは目標の一〇〇〇人を大幅に超える数だ。告訴団は弁護団等を講師に迎え、刑事告訴のための勉強会を福島県内各地一〇カ所以上で開催、いずれも満員の参加者を得た。避難者の多い新潟県、山形県、北海道でも開催されている。七月現在、全国八カ所を拠点に県外事務局を設置中で、第二次告訴分として八月半ばから正式に全国からの告訴団参加を受け付ける。告訴人を一万人規模にしていく計画で、告訴状は一一月半ばに提出予定だ。県内は引き続き募集をする。

事故が起きてしまった今、その責任の所在をはっきりさせ、謝罪と補償を求めていくことは脱原発の重要な闘いの一つである。震災後、日本を訪れたドイツの国会議員に、「ドイツではなぜ福島の事故後早々に脱原発宣言が可能になったのか」と尋ねてみた。彼女はその答えの一つにチェルノブイリの経験を挙げた。確かにヨーロッパは地続きで、ドイツも被曝国の一つであったのだ。もう一つとして彼女は、ドイツ市民によるその後の長い運動の歴史を挙げた。「ローマ」同様、「ドイツは一日にして成らず」ということだったと思う。彼女は自らを脱原発二世と呼んだ。反原発・脱原発の運動は親の世代から引き継がれ、以来「千ほどの」裁判・訴訟が起こされてきたという。「千」とは象徴的な言い方だったにしろ、なるほど、そういう運動の積み重ねの歴史がドイツには確かにある。

福島原発事故一周年では、郡山市の開成山球場に全国から一万六〇〇〇人もの人々が集まった（「原発いらない！　三・一一福島県民大集会」（後述））。それまで私たち市民派が地元郡山で行った二回の「原発いらないデモ」は、いずれも五〇〇人規模のものが精一杯だったので、これはすごいことだった。もっとも、郡山で初めてのこの大集会を当然の流れと捉えつつも、ドイツと比べればまだまだ桁が一つ足りない。きっとこれぐらいの規模なら、これからは何回でも必要になるのだろう。

自然界に放出されてしまった途方もない量の放射能との闘い。放射能汚染の問題は、私たちが生きている間に解決しきれるものではまったくない。この現実から目をそらすわけにはいかない。今私たちが懸命にやっていることは、後に続く人たちへのほんのささやかな「種まき」に過ぎないだろう。

詩を一つ引用して紹介したい。

あとからくる者のために

あとからくる者のために
苦労をするのだ
我慢をするのだ
田を耕し
種を用意しておくのだ
あとからくる者のために
しんみんよお前は
詩を書いておくのだ
あとからくる者のために
山を川を海を
きれいにしておくのだ
ああ後からくる者のために
みんなそれぞれの力を傾けるのだ
あとからあとから続いてくる
あの可愛いい者たちのために
未来を受け継ぐ者たちのために
みな夫々自分で出来る何かをしてゆくのだ

（坂村真民『詩集　詩国』第一集、大東出版社、1997より）

＊坂村真民（さかむら・しんみん）　1909～2006、熊本県出身の仏教詩人。伊予の僧侶、一遍上人の生き方に共感。1934年に朝鮮半島に渡り、46年愛媛県に引き揚げ国語教師となる。62年、自作の月刊詩誌『詩国』を創刊。随筆集『詩集　念ずれば花ひらく』（柏樹社、1979）ほか。

「原発いらない福島の女たち」のアクションとこれから

福島の人はおとなしい。もっと怒ってもいいのに。そんな声がどことなく聞こえていた。私たちが怒っていないハズはないし、それどころか、悲しさと悔しさに日々気持ちがかき乱されている。いい加減な「風評」に抗すべく、何かやってみたい、それも目に見える形で――すでに原発事故から数カ月後にはそういう思いが高まっていた。

「やっぱ、ハンスト？」「それもいいけど、多くの人が参加できるようなもんがいいんじゃない」「場所は、県庁前か東京か」「どうせなら国会前だよね」――女たちの会話は乗りも軽やか。トントン拍子にコトは決まっていった。二〇一一年一〇月末の「経済産業省前座り込み」のわずか一カ月前のことである。その輪は日毎に膨らみ続け、県内女性一〇〇人の目標は優に超えていった。準備段階における実働スタッフは一〇人足らず。どんな組織に頼るわけでもなく、一人ひとりが得意分野を最大限に活かしながら、アクション直前には睡眠時間を削って奔走し、メールを打ち続けた。

３日間の座り込みの「エンディング集会」／2011年10月29日（東京・日比谷公園かもめ広場、撮影：地脇聖孝）

＊アクション――経産省への申し入れ・女性代議士全員への面会申し入れ・首相官邸内で内閣補佐官との面談・デモ行進・手編みチェーンを持って経産省を囲む人間の鎖・日比谷公園かもめ広場でのエンディ

ング集会。

＊座り込み延べ人数（一〇月二七日〜二九日の三日間）——二三七一人（あの狭いテント前広場周辺の人、人、人の群れの中で、お金を払い受付をキチンとしてくれた人の数）

＊二九日（土）のデモ参加者——約一三〇〇人。

＊同期間中、大阪・広島・富山・北海道・和歌山・ロス‐アンジェルス・ニューヨークでも、「福島の女たち」に連帯する座り込みアクションがあった。

一〇月のこの「座り込み」で一躍有名になってしまった「福島の女たち」は、その後も立て続けにアクションを起こしてきた。この年の暮れ、一二月二八日の「東電御用納めアクション」では、バスを貸し切って原発即時廃止と補償を求めて東電交渉に臨むとともに、「放射能は爆弾より怖い」と福島の私たちを励ましてくれた平和運動家の益永スミコさん（一九二三〜）にもお越しいただき、「益永スミコさんを囲む集い」を開催。年が明け、震災と原発事故の一周年を期して行われた「原発いらない！　三・一一福島県民大集会」（同実行委主催）のプレ・イベント的な位置にあった「原発いらない地球（いのち）のつどい」（三月一〇日〜一一日、会場＝郡山市内二カ所）では、たくさんの企画や分科会を大成功裏のうちに収めた。この「原発いらない！　三・一一福島県民大集会」というタイトルは、当初案では「原発いらない！」の文言はなく、まったく「復興」調そのものだったので、私たちが実行委事務局に「脱原発」の主張が明確に分かる文言を加えるよう強く迫り、実現させたものである。この文言がなかったなら、一体何のために、全国から大勢の人たちが福島に集まってくれるのか、まったく分からない集会になっていただろう。

「東電御用納めアクション」／2011年12月28日（東電本社ビル前で：『POCO21』2012年3月号取材時に撮影）

　その後、福井・大飯原発再稼働ストップを掲げて二〇一二年三月二五日から開始された若狭の住職、中嶌哲演さんのハンストに強く共感し、私たち「福島の女たち」もそこにつながる形で、三月三〇日からのリレーハンスト（全国に呼びかけて実施）へ進展していった。このハンストは国内五〇基の原発中、唯一稼動していた北海道・泊原発が定期検査で止まる五月五日まで続けられ（延べ参加人数約二〇〇人）、経産省前においては「女テント」に呼応して「男テント」でも開始された。また、ニューヨークやイタリアなど海外でも行われ、五月五日の子どもの日以降、日本は「誰も犠牲にすることのないエネルギー」だけで動くことになった。

　六月、毎週金曜日ごとに行われてきた首相官邸前での「再稼動反対」デモへの参加者は徐々にふくれ上がり、同月二九日には二〇万人もの人々が官邸周辺を埋め尽くした。これを「紫陽花革命」と誰かが命名している。このとき野田首相は「大きな音だね」と、うそぶいたそうな。大多数の民意も官邸には届かず、七月一日二一時、大飯原発では予定通りに、燃料棒を引き抜く作業が開始されてしまった。

けれども、紫陽花は根が強い花である。切花でどんどん増殖もする紫陽花は、霞が関から確実に全国へと拡がり開花していくだろう。二〇万人の再稼動反対コールに、私たちは再稼動で落ち込むより、むしろたくさんの新たな元気をもらって福島に帰って来た。これからだ。

ともかくも、女たちの嵐のような一年半が過ぎていった。「福島の女たち」の名はアクション名であって、いわゆる組織名ではない。代表を置かず、どのような会則・会費もない。あるのは信頼関係とそれぞれの個性を生かした参加の仕方のみ。このように言えば聞こえが良すぎるかもしれないが、近頃、女たちも既存の多様なグループから無縁ではなく、それぞれの背景、個人史を持って運動に参加していることを意識せざるを得なくなっている。これまで忙しすぎて見えなかったところだが、それは当然といえば当然のことだ。しかし、今回の原発事故は、女の視点の重要さとその行動の意味を、改めて、そして十分すぎるほど明らかにした。女たちは世界と歴史の中で自分たちの位置をしっかりと自覚していけるか、分断されないでやっていけるか、男たちの内ゲバの歴史（七〇年安保闘争が高揚する中で、考え方を異にする党派同士が暴力で他者を排除した労働運動、学生運動の負の側面）にNO！をハッキリと突きつけることができるか、大事な二年目に入る。

科学は言う、多様性こそが自然界の力強さだと。人間界も同じではないだろうか。多様性とはつまり、違いを認め合うこと。経験が多いとはいえない「福島の女たち」にその力量が備わっていくかどうか、試されるのはこれからだろう。

女たちの中にも体の不調を訴える人たちが出てきている。これも見過ごせない。自分たちも保養を意識的に取らないといけないことに気づきはじめている昨今だ。これから永い闘いになる。

最後に

二〇一一年の夏はこれまで以上に広島・長崎を思った夏だった。広島で被爆しながら生き延びた人たちが、「原子力の平和利用」という言葉にだまされ続けたことを反省し、今、福島のことを心配してくださっている――そのことを知ったからだ。胸がつまる。広島と福島の今日的な視点からの共通項は何か？　それは国策による「情報操作」にあるのではないだろうか。福島では文部科学省所轄のSPEEDI（緊急時迅速放射能影響予測ネットワークシステム）が地震直後から稼動していたにもかかわらず、一カ月以上も公開されずに住民たちを無用に被曝させた。あれはブラックジョーク？　広島・長崎でも、最も必要な時に命にかかわる情報が公表されず、避難先でさらにたくさん被爆を強いられ亡くなった人たちがいる。ところが、自らも長崎で被爆したことを売りにして福島の大学に居座り、「安全・安心」と言い放っている御用学者の一群もいる。

個人的なことをいえば、娘と孫を郡山に呼ぶことはできなくなった。あの日から突然子どもたちの手に触れられることのなくなった玩具や縫いぐるみが目に入る度に、悲しみが襲う。ザワザワとした毎日だ。「街では人々が買い物をしている。犬が散歩している。しかし、検知器で測ってみれば、人々が〝見えない蛇〟に咬まれ続けていることが分かる」。これは、福島で講演をしてくれた時のクリス・バズビーさん（欧州放射線リスク委員会［ECRR］科学事務局長）の表現だ。

国が線引きした補償額による重層的な地域の分断。放射線量の差はそのまま軒下を分け、親類縁者や隣近所の共同性を絶ち切ってしまった。すでに避難生活で親子が離れればなれになってしまったというのに、またしてもだ。これらの地域が培ってきた伝統的な共同体は、もうけっして元通りには再生しないだろう。福島の悲しみはここにもある。

筆者、経産省前 女テント内で／2012年2月

稲ワラからの汚染牛肉に始まり、今ではがれき問題が全国を駆け巡るように、もはや私たちは総被曝時代を生きざるを得なくなっていることがいよいよ見えてきた。これからますます自覚的な市民による強力なネットワークが必要になってくる。あらゆる垣根を越えた、グローバルで弾力性のある市民運動が求められている。すべての原発の再稼働を押さえこみ、一〇年後ではなく「今すぐに」、原発を止めなくてはと思う。今なお原発をアジアに売り込もうとしている国策には、頭の回線がぶち切れるほどの怒りを感じる。

福島の悲劇が、そして私たちの叫びと行動が、世界の原発を止める大きな第一歩になること。そこにこそ、私たちの切実な望みと、福島に生きる意味があるのだと信じたい。

花は暗闇で育つ。「私は信じる」と、ソローも記した。「森を、草原を、トウモロコシが育つ夜の闇を」

（レベッカ・ソルニット『暗闇の中の希望──非暴力からはじまる新しい時代』井上利男訳、七つ森書館、二〇〇五、二一〇頁）

＊ヘンリー・デイヴィッド・ソロー　一八一七～六二、アメリカの詩人・博物学者。マサチューセッツ州にあるウォールデン湖の湖畔で二年にわたる自給自足の生活を送り、その経験をまとめた『ウォールデン　森の生活』（今泉吉晴訳、小学館、二〇〇四ほか）はアメリカの文学の古典として広く知られている。

3 大災害を生きていくために

橋本俊彦
（自然医学放射線防護情報室／二〇一二年九月よりNPO法人ライフケアに改称）

福島県内で鍼灸治療室を営んできた私は、震災のその日も普段どおりの日常を過ごしていた。いつもより早く診療を終え、所用で出かけた車中で携帯の緊急地震アラームが鳴り響き、間もなく車が横転するかと思うほど揺れはじめた。揺れが止まった瞬間、突然空は真っ暗になり、粉雪が空一面に舞っていた。尋常ではないことが起こったことを察知し、車の進路を変えて家路を急いだ。道路沿いの家々で屋根瓦が吹き飛んでいた。家族の無事を確認し、ひとまず安堵したのも束の間、大きな余震が幾度も続き、テレビには大津波の報道が映し出されていた。いまにして思えば、あの時、原発事故によって十数万人単位の福島県民が故郷を離れ全国に離散していくことになろうとは、誰が想像しただろうか。

原発事故後の急激な環境の変化が及ぼした影響は、治療室に相談にくる方々の訴えの中にしだいに顕著に表れてくる。震災前から来室していた子どもたちに、目の下にクマができた、下痢や鼻血が止まらない、喉がいがらっぽいなど、放射線による健康影響を心配する相談が増えはじめた。震災の起こった二〇一一年五月以降、この一年間に約一〇〇〇人近い方々の健康相談をしてきた。ここに紹介することは、一人ひとりのからだから発せられたメッセージである。福島県内、いや低線量被曝地帯で、いま起きていることを知って頂きたい。

健康相談を始めるまで

二〇一一年三月末、家族を大阪まで一時避難させた私は単身福島に戻ってきた（その後、家族は長野県に避難）。郡山市の実家に行くと、母がA４版の或るレポートを見せてくれた。そこには、三月二五日以降の郡山市内の空間線量データが示され、いわゆるホリミシス理論*により、この程度の線量ならばむしろ放射線はからだに良いといった旨が書かれていた。この資料の文責者は地元の大学の元教員となっていた。すでに八〇歳になる母は、その資料の説明を信じ込もうとしていた。私はその時、あまりの線量の高さと「この程度の放射線はからだに良い」という理論に驚き、内部被曝に関する言及もないので、実態はどうなっていくのか、見極めなければならないと考えた。

＊ホリミシス理論とは、放射線が許容量以下の微量であれば人間のからだを刺激して活力を引き出すという学説。

ところがやがて、低線量被曝はからだによいなどと、けっして言えないような声が届くようになった。はじまりは五月連休明けのことだった。女子高校生の母親から、娘の下痢が止まらない、内部被曝でしょうか、という問い合わせがあった。放射線障害について、私にはまだ何の知識もなかったが、その後も県内各地で開催された手当て法講座や相談会の参加者から、家族の鼻血や下痢の症状について多くの訴えを受けるにつけ、現実には何かがすでに起こっていることを直感せざるを得なかった。下痢や鼻血は誰にでもある一般的な症状だが、それにしても多すぎる。

広島での被爆体験から内部被曝に詳しい医師、肥田舜太郎先生は、事故後、放射線に敏感な子どもたちに初期の被曝症状が現れていると警告している（肥田舜太郎『内部被曝』扶桑社、二〇一二）。福島でも広島と同じような症状が出てくるのではないか？　この過酷な状況において、とにかく現場に足を運ばなければ現状把握はできないと考え、福島市、郡山市、二本松市、須賀川市、白河市、飯館村など県内一一市町村を訪ね、セルフ・ケア講座と健康相談会を始めることにした。

自然療法による手当て法

私は「快医学」という自然療法を普及するNPO法人世界快ネットの会員として、二〇年来、東北を中心に活動してきた。快医学は、呼吸（息）・食べる（食）・からだを動かす（動）・想う（想）という生活行為、さらに人と人との関係や自然環境（環）の心地よいバランスの上に私たちの健康は保たれていて、病気はこれらのバランスの崩れによって始まると考える。今回の原発事故によって、呼吸と食べ物による内部被曝への不安はもちろんだが、子どもたちは自由に外遊びができない、大人もまた、住むところを追われた憤りと悲しみに加え、放射線に対する考え方の違いによる地域社会の分断といった事態に苛まれている。あたりまえに生きるためのあらゆるバランスは一瞬にして崩れ去ってしまった。

快医学では、病気は三つの歪みから生じると考え、それぞれに対処法がある。一つは筋、骨格系の歪み。人は骨と筋肉で体を支えている。家の構造に譬えると手足四本は柱、背骨は棟木、筋肉は壁といえるだろう。骨格が歪んで筋肉が緊張していれば、内臓の働きに大きな影響を及ぼす。このような場合、橋本敬三医師（一八九七〜一九九二、福島市生まれ）が創案した操体法という運動バランス療法を実行

郡山市での健康相談会。アイロンを使った温熱治療を指導している／2012年3月10日

することで、からだの歪みを自分で治していく。

次に内臓の疲れからくる歪み。弱っている内臓を手当てする基本は、気持ちよく温めて内臓機能を調整する温熱療法である。これは大正時代に動物生理学者の多田政一先生が提唱した総統医学を参考にしたものだ。温める方法としては和裁用の小型アイロンがおすすめだが、こんにゃくの温罨《おんあん》法も効果的である。

三つ目はこころのバランスが歪むこと。これだけの過酷災害のもとでは、からだ同様にこころも壊れかけている。原発事故によって安住の地を失い、放射線被曝という不安のなかで過ごしているこころの有り様は、当然体にも現れてくる。思い悩んでいるときは体も冷えていて、特に手足の末梢循環が滞っている。そんな時は足湯をすすめ、足指を揉みほぐしながら、こちらは話の聞き手に徹する。足の末梢循環を改善するとからだ全体が温まり、同時にこころも温めてくれるのは、本当にありがたい効果である。

数値だけではわからないこと

事故直後から現在に至るまで、本やウェブサイトを通して得られる放射線に関する情報は膨大なものだが、その見解にはあまりに大きな違いがある。それ故、一般の人が数値から現状に対する正しい判断をするのは難しく、低線量被曝に関する識者間の見解の開きに戸惑うばかり、というのが現実である。

私は東洋医学的な望診、聞診、問診、切診という四診法を用いてからだの状態を把握し、手当て法をアドバイスする健康相談を行ってきた。ともかくも、二〇一一年五月から始まった相談会でのからだの声を聞いてほしい。文中のLETとは、ライフエネルギーテストの略である。これはアメリカ在住の大村恵昭《よしあき》医師（一九三四〜、富山県生まれ）が創案したオーリングテスト（カイロプラクティックのグットハート博士が使っていた筋力テストにヒントを得たもの）を参考にしたもので、からだの状態を確かめ立て直すための具体的な方向性（手当て法、食事法、薬草の選択など）をチェックする方法として活用している。各事例の末尾に記入した臓器名は、今回のLETチェックで弱っていると認められた部位を示したものである（日付は相談年月）。

相談者1　二〇一一年一二月、四〇代男性。四月に放射能測定の仕事のため福島県内に一週間滞在。
症状―ある期間急にだるくなり、急に眠くなる。一カ月前、自力で立ち上がれないほど具合が悪く病院に行く。検査の数値には異常なし。他に目の痛み、めまい、鼻づまり、頻尿、喉の腫れ、首の痛み、腰痛、目の下のクマ。
LET―脾臓、膵臓。

相談者2　二〇一一年一一月、四〇代女性。福島県在住、県外避難なし。
症状―疲れがとれない。下半身が冷えやすい、眼が疲れやすい、頭が重い。手首関節痛。
LET―腎臓。

相談者3　二〇一二年一月、三〇代女性。福島県在住、県外避難なし、マスク着用なし。

症状―胸の圧迫感。便が臭く下痢をする。昨年七月に水疱瘡。疲れやすい、手足のしびれ、からだがだるい、やる気が出ない。米、宮城県産。野菜、近県産・県内産。肉、外国産。
LET―腎臓、肝臓、大腸。

相談者4　二〇一二年一月、三〇代女性。福島県在住。
症状―お腹が下ることが多い。心臓に痛みがある。リンパの腫れ。
LET―腎臓。

相談者5　二〇一一年一一月、四〇代女性。福島県在住、県外避難なし。
症状―疲れやすい、下半身が冷える。眼の疲れ。頭重。
LET―腎臓、小腸、心臓。

相談者6　二〇一一年九月、五〇代女性。福島県在住、三月は会津に避難。
症状―皮膚のかゆみが増す。冷えが強い。
LET―肺、心臓。

相談者7　二〇一一年一二月、三〇代男性。福島県在住、事故後は自宅にとどまる（家の外は毎時一～二マイクロシーベルト）。
症状―一・五マイクロシーベルトになるとめまい、からだに振動を感じる。眼が疲れやすい。米、県内産。野菜・魚・肉、県外産。
LET―肝臓、腎臓。

相談者8　二〇一一年一二月、二〇代女性。福島県在住、三月一六日から首都圏に避難、下旬に戻る。

症状―痰が出る。吐き気、下痢、喉の腫れ・痛み。時々眼がしょぼしょぼする。めまい。マスク着用四月一五日まで。牛乳は飲まなかった。ミネラル水使用。米、古米宮城県産。野菜、県外産。魚・肉、外国産。

ＬＥＴ―肝臓、腎臓、脾臓。

相談者9　二〇一一年一二月、四〇代男性。福島県在住（既往歴―高血圧）

症状―夏からせきが止まらない。しばしば下痢をする。

ＬＥＴ―肝臓、腎臓、脾臓。

相談者10　二〇一一年一二月、〇代女子。福島県在住、夏休み前に県外避難したが今は戻っている。

症状―腹痛と下痢がつづいていた。体力がついていかない。

ＬＥＴ―肝臓、小腸。

相談者11　二〇一一年一一月、二〇代女性。福島県在住。

症状―事故から一週間後、のど、鼻の粘膜に違和感を覚える。頭痛、肩こり。

ＬＥＴ―甲状腺、腎臓。

相談者12　二〇一二年三月、一〇代女子。福島県在住。

症状―風邪の治りが遅く、昨年四月から毎月一度三八・五度前後の熱が出ていた。今は落ち着いている。

ＬＥＴ―弱い内臓なし。

相談者13　二〇一二年三月、一〇代女子。福島県在住。
症状―震災後、胸が締め付けられる、鼻血がたびたび出る。眼の下のクマがとれない。異様に疲れやすく、だるい。
ＬＥＴ―肝臓、腎臓。

相談者14　二〇一一年一〇月、一〇代女性。福島県在住。
症状―屋外でクラブ活動をつづけている。夏から下痢を頻繁に繰り返す。
ＬＥＴ―腎臓、小腸。

相談者15　二〇一一年七月、四〇代女性。福島県在住。
症状―耳から血が出ていた。
ＬＥＴ―腎臓。

相談者16　二〇一二年一月、一〇代女子。福島県在住。
症状―口内炎が治りきらない（いつもはすぐ治る）。頭がぼーっとする。
ＬＥＴ―肝臓、小腸。

相談者17　二〇一二年三月、一〇代女子。福島県在住。
症状―二月にインフルエンザ、以後せきが止まらず。震災後心臓が締め付けられ、今でも時々鼻血が出る。
ＬＥＴ―腎臓。

相談者18　二〇一二年三月、六〇代男性。福島県在住。

症状―前年一二月ごろから鼻血が出はじめる。喘息がひどくなっている。
ＬＥＴ―小腸。

相談者19　二〇一一年一一月、二歳女子。首都圏在住。
症状―眼の下のクマが以前よりひどい。せきが一カ月以上つづく。
ＬＥＴ―腎臓。

相談者20　二〇一一年一一月、五歳男子。首都圏在住。
症状―七月ごろより眼の下のクマが気になっている。
ＬＥＴ―腎臓。

相談者21　二〇一二年一月、三〇代女性。首都圏在住、三月下旬から六月下旬まで海外。
症状―帰国直後、鼻血、喉の腫れ。
ＬＥＴ―甲状腺、肝臓、腎臓。

相談者22　二〇一二年二月、三〇代女性。首都圏在住。
症状―昨年秋頃から疲れやすく、半年前から眼が夕方になると痛くなる。
ＬＥＴ―甲状腺、腎臓、肝臓。

相談者23　二〇一二年一月、三〇代女性。首都圏在住。
症状―二日酔いがひどくなる。アレルギー性皮膚炎が治りにくい。下痢をする。
ＬＥＴ―腎臓。

現場を見据える

低線量被曝とはなにか、を私が具体的に考えるきっかけとなったのは児玉龍彦先生（一九五三〜、東京大学アイソトープ総合センター長）が指摘している「チェルノブイリ膀胱炎」を知ったことからだ。『低線量被曝のモラル』（児玉龍彦ほか編、河出書房新社、二〇一二）によると日本バイオアッセイ研究センターの福島昭治博士がチェルノブイリ周辺におけるセシウム137の長期被曝の影響を調べた結果、汚染地域の住民の膀胱には増殖性の異型性変化を特徴とする膀胱炎が増えていることを突き止めている。これを「チェルノブイリ膀胱炎」と呼び、低線量の長期被曝がどのような健康被害をもたらすのかを多年にわたって解析している。

福島博士は現地で膀胱ガンが一〇〇万人当たり二六・二人（一九八六年）から四三・三人（二〇〇一年）と五年間に六五％増加していることに注目し、低線量のセシウムが引き起こす膀胱の慢性炎症は膀胱ガンに発展することもある、と指摘している。

健康相談会を継続してきたところ、放射能汚染の不安について周囲に話すことができない環境にあること、また、不安に感ずる理由や根拠を自ら説明しなければならないような状況にあることが見えてきた。各人の自覚的な訴えとＬＥＴの結果を考え合わせても、免疫系のレベルが落ちている人が増えている傾向にある。今回の事故は本当に「健康に問題ない」と言いきれるものなのか。たとえ初期の甲状腺検査に異常が見られなかったとしても、低線量被曝における健康障害はけっしてガンだけではないだろう。

大災害を生きのびる智慧

内部被曝に関するWBC検査＊、尿検査、および甲状腺検査により現時点での各人の状態を知ることも必要であるが、ひきつづき被曝の現実に向き合わざるを得ない状況では、病気を予防する具体的な智慧を持つことが重要だ。

＊WBCとは内部被曝線量を調べる装置の一つ。人間の体内に摂取され、残留している放射性物質の量を体外から測定する。

前出の肥田先生は「世界中のどんな偉い先生でも「こうしなさい」とは言えず、治すためにどうすればよいかは分からない。しかし、被曝という現実を受け入れ、個人の持っている免疫力を高め、放射線の害に立ち向かう覚悟を持ち、免疫力を傷つけたり衰えさせたりする間違った生活は決してしないことが大切」（『世界』二〇一一年九月号）と呼びかけている。

快医学放射線対策10時間講座／2011年9月（須賀川市内の自然レストラン「銀河のほとり」にて）

講座や健康相談会では、症状についての質問が多い。震災以前から私たちが取り組んできたこと、つまり気持ちよくからだを動かし、気持ちよくからだを温める、そして食生活を見直すという基本を伝えることが、病気予防のまず第一歩と考えている。放射性物質を入れない、入った物は出す、そして免疫力を高める方法を実践する、この三点を対処法の柱に据え、操体法や内臓の手当て法に加えて、未精白の穀物と野菜をよく嚙んで食べること、発酵食品を積極的に摂ること、排泄力を高めるスギナやヨモギ、ドクダミなどの身近な薬草茶の摂取を薦めている。

最後に

いま福島県内各地では、お母さんたちを中心に「手当て会」が立ち上がっている。これを私は「手当ての茶の間」と呼んでいるが、新たなコミュニティづくりのきっかけになっている。小型アイロンを持ち寄って手当てをし合ったり、足指を揉みほぐし合ったりすることから、自前のセーフティーネットを地域社会の中で再構築していけるだろう。大災害を乗り切るためには正確な情報と対処の智慧、それらを共有するコミュニティが必要なのだ。

一方では今後、保養プログラムの需要が高まるだろう。子どもたちはもちろんだが、これから子どもを産みたいと思っている若い女性たちからも要望が届いている。彼女たちが保養に行きたいことを表立っては言えない状況にあることも、福島の現実なのである。二〇一一年夏は山梨県河口湖、八ヶ岳への親子保養プログラムを実行してきた。四〇名の親子が山梨県内で行われた約一週間のプログラムに参加している。

「五感を使え」とよく言われるが、手足の末梢神経への刺激は中枢神経系を活性化する。その意味でも外で制限なく活動できる環境を用意し、少なくとも一定期間心身を開放できる保養というものがとても大切なのだ。もちろん、汚染の少ない土地で過ごすことで、無用な被曝を避けられることは言うまでもない。今後も夏休み等、甲信越エリアへの保養企画を継続的に実施していく予定だ。

私の家族が避難している長野県では、福島県からの避難者を中心に「避難者の会」が結成された。松本市の古民家を拠点にして、避難者の情報交換、助け合い、保養受け入れを行っていく。このような、まさに新しいコミュニティづくりが、地元の方々の支援を得ながら全国各地で始まっている。

二〇一一年一一月、私は福島県内に自然医学放射線防護情報室を設立した（二〇一二年九月より「NPO法人ライフケア」に名称変更）。ここでは講座や健康相談、保養プログラム、「手当ての茶の間」を実践しながら、今回の大災害を生き延びるための智慧を学び合って、進んで行きたい。

4 Interview 原発のない、住民主体の復興と農の再生をめざして

菅野 正寿
（福島県有機農業ネットワーク理事長／NPO法人ゆうきの里東和ふるさとづくり協議会理事）

聞き手＝編者。二〇一二年二月一一日と四月二九日の収録をもとに構成

一　すべてを変えた三・一一

――まず自己紹介からお願いします。

福島県二本松市の東和地区（旧東和町）で農業をしています。水田が二・五ヘクタール、雨よけトマトが一四アール、野菜・豆・雑穀などが自給用も含めて二ヘクタール。冬は餅の加工をしています。東和地区のある阿武隈山系はもともと養蚕、葉たばこ、畜産が盛んで、酪農もあります。企業も進出してこないので冬は出稼ぎに行く、そんな地域です。私の実家も養蚕農家でした。一九八〇年代に、牛肉やオレンジに続き、生糸、たばこも自由化されました。そのために農家は厳しい状態に追い込まれ、

その結果いま耕作放棄地が広がっています。耕作放棄地は全国で四〇万ヘクタール、福島県にも二万ヘクタールあります。その荒れた土地を再生したい、出稼ぎに頼らなくても済むようにしたいと、少量多品目を直接消費者に届ける有機農業による産直を始め、関東などに販路を広げました。また都市との交流事業（グリーンツーリズム）、さらに健康食品としての桑の葉の商品開発にとりくみました。

ところが、二〇〇五年の「平成の大合併」で東和町と二本松市、安達町、岩代町が合併することになりました。合併によって過疎にますます拍車がかかるのではないかという危機感を抱いた私たちは、同年、ＮＰＯ法人ゆうきの里東和ふるさとづくり協議会［以下、「ゆうきの里東和」］を作ったのです。

――いわゆる「平成の大合併」が地域に与えた影響と「ゆうきの里東和」の設立の経緯をお聞かせください。

私たちは昭和の市町村合併でいわき市や郡山市と合併した周辺町村が、合併後にさびれたことを知っています。学校も消えてしまいました。東和町の合併でも、一〇〇人いた東和町役場の職員が三〇人になりました。その結果、地域のことを本気で考える行政マンがいなくなりました。学校も七校が合併して一校になり、生徒はスクールバスで通うことになりました。合併によって恩恵を受けたのは、給料が上がった議員と役所の職員だけではないでしょうか。合併によってお互いの顔が見えなくなっていく、コミュニティが弱くなるという危惧を抱いた私たちは、住民主体の地域づくりにとりくもうという発想で「ゆうきの里東和」を作ったのです。

設立時の会員は一〇〇人でしたが、現在二六〇人にまで増えました。理事が一九人、パートの職員が二四人です。二〇〇六年からは「道の駅ふくしま東和」［以下、「道の駅」］を運営しています。農産物の販売、特産品の開発、学校給食事業を展開し、売上は二億円ほどです。「道の駅」には桑の実やジャムなどの加工施設、野菜や加工品などの販売所、それに体験交流・会議施設という三つの機能があります。加工施設があって加工を行っているので、地域の人の働く場にもなっています。

当時、地域づくりのNPOはありませんでしたから、この東和のやり方をモデルにした道の駅がいわき市の四倉にできました。県もこういった活動の支援に力を入れています。私たちの地区では新規就農者の受け入れもしているので、県からそのための助成が出ます。実は震災後も、関東からやって来た四人の新規就農者を東和地区で受け入れています。「ゆうきの里東和」の設立以降、計一九人が定住しています。

こうして、中山間地域でも何とか生き残れるようにと、地域の資源を使って産品を作り、それを通じて雇用を生み出すことができるようになった、その矢先に原発事故が起きたのです。

原発と真の地域づくり

福島県は首都圏に近いので、昔から首都圏への野菜の供給地であり、戦後は出稼ぎを通じて労働力の供給地でもありました。私の父も出稼ぎに行っていました。つまり、首都圏の豊かさは東北の人々が支えてきたのです。首都圏の豊かさの裏には東北の貧しさがありました。東北では数年おきにやませ［東北地方の中・北部の太平洋側で、梅雨期から盛夏期にかけて吹く北東風。長く続くと冷害の原因となる］が吹いて冷害をもらします。飯館村はそれを克服するために牛肉や花などの飯館ブランドを作ったのです。

よく「農家に対して国は過保護だ」という意見を耳にしますが、実態はまったく異なります。農業予算のほとんどは農家の懐に入らず、農道などのインフラ整備に使われます。つまり地元の土建業者にお金が行くのです。国は農業の足腰を強くする、国際競争力を高めるといいますが、実際は農業だけでは食べていけなくなり、兼業農家が増えてきたのです。その一方で、農業に企業が参入してきています。企業誘致と農業土木事業の補助金に頼らざるを得ない構造が続いてきました。これが原発を受け入れざるを得ない状況を作ってしまったのです。

――原発の立地自治体も、とくに公共事業などの形で恩恵を受けてきたのではないかという声は、福島第一原発の事故後も聞かれますが。

自治体は「原発は安全だろう」という「安全神話」に隠れていたのでしょう。私は正直そう思っています。まさか自分たちのところにも放射能が降ってくるとは夢にも思っていなかったというのが実際です。南相馬の私の友人は、原発誘致の頃、国策として進められた原発に反対すると国賊だとして白い目で見られたと今でもいいます。原発の危険性が伝えられてこなかったのは、国を挙げ、市町村を挙げて平和利用の名の下に原発を受け入れたからであって、それは私たちの責任でもある。そのことを福島県民として、あるいは受け入れてしまった大人の責任としてちゃんと認識する必要はあると思います。双葉町などはハコモノがいっぱいできて、Ｊビレッジのサッカー場まで受け入れ、体育館も公民館も役場も立派。でも立派なのは実はハコモノだけです。県民としても、本当の地域づくりに何が必要だったのかについては多分きちんと認識していなかったと言わざるを得ません。

原発事故――混乱と不安の中で

――昨年（二〇一一年）の三月一一日当日は何をされていましたか。

ちょうど確定申告の時期で、二本松の税務署にいたときに地震に遭いました。家に帰ろうとしたら大粒の雪が降ってきて、天変地異が起こったと思いました。家に帰ってみると、土蔵の壁は崩れ落ちているし、蔵の地盤は下がっているし、家の中も物が倒れ、餅の加工用の機械も倒れたりずれたりしていました。その片づけに追われているうちに、三月一四日の三号機の大爆発で浪江町から一挙に三〇〇〇人が二本松市に避難してきました。私がいる東和町には一五〇〇人が避難してきました。その日の夜に「ゆうきの里東和」の役員が集まり「体育館は寒いぞ」ということになって、農業用の大きな石油ストーブを七〜八台集めてもって行きました。二年前に東京の大学を終えて農業を始めた私の娘も、避難所に行ってどんな物が必要かを訊いて、ブログなどで呼びかけて集めました。そのうちガソリンも不足し、スーパーに行っても物がない状態になりました。そんな中で私たちの「道の駅」は休まずに時間を短縮して営業を続け、惣菜やおにぎりを作り続けました。

ところが三月二五日、今年の作付を延期せよという指示が出ました。ですから三月一杯は、放射能への不安、目の前の浪江の人たちへの支援で追われたという状況でした。私の娘のところには、東京の友人から早く避難してこいというメールもたくさん来ました。実は二本松でも、三月二〇日ぐらいからもう避難が始まっていました。そこで娘は作付もできないし避難しろという声もあったので、一週間ほど佐渡島のほうに旅をしながら一時避難をしました。帰ってきてからすぐ、娘は農業の仲間と一緒に支援の野菜をもって南相馬に行きました。そこで津波の被害のひどさを実際に見て知って、これは動ける者が動くしかないと思ったようです。それで帰ってきてからひまわりの種を播く「ひまわりプロジェクト」というものを立ち上げたりして、何とか前向きにやろうとしています。

一番不安だったのは娘の健康問題です。秋になってやっとホールボディカウンターの検査を受けたのですが、それまでは本当に不安でした。見えない放射能にどれだけ自分の体が、土が、野菜が汚染されているのか、（二〇一一年）七月までは放射能を測る器機もなかったのですから。

――被災者の中には家族がバラバラになり、県内外への避難を余儀なくされた人たちがたくさんおられますが、有機ネットの方々はどうですか。

メンバーの家族状況はいろいろです。原発から二〇キロメートル圏内の人で、避難所を転々として現在相馬にいる方もいます。三〇キロメートル圏内の人で家族がバラバラの方もいます。もう二本松では有機農業はできないと考え長野まで避難した有機農家もいます。避難する、しないの決断は、放射能の心配もありますが、農業を続けるかどうかという選択の問題です。その人の人生の選択なので、避難した人をどうこう、あるいは残った人をどうこうとか言えません。これは非常に難しい問題だと思います。

二　農家に負担を押し付ける作付制限

やはり種を播こう、耕そう

――農家にさらに厳しい選択を迫ったのか行政からの作付制限の指示だったと思います。菅野さんたちは当初これをどのように受けとめ、対処されましたか？

（二〇一一年）三月末に土壌検査をすると聞いていたので、それを待つしかないと思いました。私のいる二本松市の土壌汚染（セシウム）の数値は国の作付制限暫定基準値である五〇〇〇ベクレル／kg以下なので耕作可能となりました。それが分かったのが四月一二日です。でも、実際自分のところがどのぐらい汚染されているのか、どのぐらい耕していいのかが分からなかったので、すぐには不安が拭い切れませんでした。

検査結果を受けて、四月、「道の駅」で生産者会議を開きました。実は、福島県には全国で唯一設置している有機農業推進室があります。普通は民間の認証機関が有機認証をしますが、福島は県が有機認証機関なのです。そこがいち早く、深く耕す、石灰を入れるなどのきめ細かな指示を出し始めました。それを受けて私たちも、深く耕したり、セシウムを吸収するためにカリ肥料を撒いたりしようと話し合いました。「道の駅」の生産者単位、桑の葉の生産者単位、あるいは集落単位など、いくつかの集まりをもちました。原発事故後は家に閉じこもりっぱなしで、子どもも外に出られない、ガソリンは不足するという状態だったので、一カ月ぶりにお互いの顔を見て初めてホッとしました。

そしてやっと田んぼや畑にトラクターの音が響き、蛙や鳥の鳴き声が聞こえるようになって春らしくなってきたのが五月。私もいつもの年より一週間遅れて五月二五日に田植えをしました。

いやー、うれしかったです。春になると農家っていうのは体が疼くんだね。春が来ると耕したい。みんなそうですよ。冬、雪で寒いから春になると自然と耕したくなる。耕せるってこんなにうれしいものかと思いました。後になって浪江や飯館などの草ぼうぼうで荒れ放題の田を見て帰ってくると、緑の田んぼってこんなにきれいなんだと改めて思いました。


——今年度（二〇一二年度）の稲の作付に関する国からの指示で、生産者が大変な状況にあると聞きました。

今年（二〇一二年）の三月に農林水産省が通達を出しました。昨年の二〇一一年度米の調査で五〇〇ベクレル／kgを超える数値が検出された地域（福島県の三市九区域）は作付禁止、一〇〇ベクレル／kg超から五〇〇ベクレル／kgの地域は生産を適切に管理するという条件付きで作付が許可されることになったのです。農水省の指示は、土壌の状態に応じてゼオライトなど土壌改良剤を投入すること、可能な限り深く耕すことといったもので、いずれも具体的な数字は示されていませんでした。それが県を通じて市町村段階に来ると、いつの間にか田んぼ一〇アール当たり三〇〇キログラムのゼオライトを撒くこと、という指示になっていました。他にも深く耕すこと、ゼオライトの散布前後に空間線量を測ること、作業日誌をつけること、といった具体的な指示が並んでいます。

農水省の通達が県に、次に市町村におりてきて、それがさらにＪＡに委託されました。しかしＪＡではそういう対処はできないので、結局農家の集落単位でやってくれということになった。とはいえＪＡが請け負ったものなので、機械の利用などに関しては農家がＪＡといちいち契約を結ぶことになったのです。そのためにかなり細かい書類をたくさん作成することになりました。福島県の農家の平均年齢は六五歳ですが、そういう高齢者にとって三〇〇キログラムものゼオライトを撒く作業は大変です。そんな大変な思いをして作っても果たして米が売れるのかと考えて、今年はもう米作りをやめたという農家も増えています。ＪＡへの苗の注文が今年は半分に減ったといいますから、米を作る農家が半減するのではないかと心配されています。

二本松市の場合、ゼオライトなどを使った土の除染費用は八億円です。これには水田除染という名目の環境省の助成金が充当されています。米を作るという視点ではなく、除染という視点なのです。この三〇〇キログラムという数字がどこから出てきたのか。大学の研究者らの研究によると、ゼオライトは田んぼ一〇アール当たり一トン以上入れないと効果がないそうです。ところが、ゼオライトは石の粉ですから一トンも入れたら稲に影響が出るのではないかという懸念がある。そこで、県と学者がどこでどう話し合ったのか知りませんが、「可能な限り」ということで三〇〇キログラムという数字になったようです。農水省に訊いても県に訊いても、その数字に根拠はないといいます。根拠がないのに三〇〇キロ撒いてくれというのです。つまり、本来、国と東京電力が負うべき負担を農家に押し付けているという状況です。このことはマスコミでも全然報道されません。

　農家のほとんどは兼業農家で、米作りの主体はじっちゃん、ばっちゃんです。今年こそ作付しようと思っていたところに、そういう膨大な作業をしなくてはならなくなり、こんなこと、やっていられないと多くの人が思うようになっています。作付の段階で制限するのではなく、基準値を（国の新基準値である）一〇〇ベクレル／kgといわず少なくとも五〇ベクレル／kgに厳しく設定して、出荷段階できちんと全袋検査をすればいいものを、作付段階で制限をするから生産意欲を失う人が出てくるのです。農家の心の制限になってしまっているのがくやしいです。

国と東電の責任

　作付制限の法的根拠は原子力災害特別措置法の第二〇条第三項（「原子力災害対策本部長は（中略）必要な指示を行うことができる」）ですが、それはあくまでも「指示を行うことができる」のであって、強制力はありません。しかし県や市町村の通達では、ゼオライトを撒かなければ米を作ることはできないことになっています。一方、農地法では土地の所有者に耕作する権利を認めています。私はこの耕作権のほうが法的には優越すると思い、県や市町村の通達に強制力があるのかと尋ねたところ、強制力はないとはっきり言っていました。

　出荷段階で全袋検査するのは国と東電の責任です。なのに、作付段階で制限・条件をつけて農家に負担を負わせる格好になっています。私の地区では、高齢者が大量のゼオライトを撒くのは大変な作業なので、機械利用者組合でゼオライトを撒くための機械を購入しなければなりませんでした。原発事故の責任は農家にはありません。東電は一体何をやっているんですか。

また本来なら、ゼオライトを撒いた田んぼと撒かない田んぼで米の放射線量がどのくらい違うか比較しなければならないのに、県もJAもやろうとしません。私は今年、ゼオライトをまったく撒かない田んぼ二枚で実験的に米を作り、ゼオライトを撒いた田んぼの米と比較しようと思っています。この実験には新潟大学の野中昌法教授と学生さんが協力してくれています。国や県を待っていたのではいつまで経っても何もできないので、良心的な研究者と手を組んで検証し、しっかりとデータをとって対策を立てて行くしかないと思っています。

三　放射能汚染との格闘

――菅野さんたちは農産物に含有される放射線量の測定も自ら行ってこられました。その経緯をお聞かせください。

まず去年（二〇一一年）の六月ぐらいに、京都のプレマという健康食品などを扱っているネット通販の会社が、いち早く私たちのNPOにガイガーカウンター〔放射能の強弱を測る装置〕を提供してくれました。その会社とは以前から桑の実などの取引があったからなのですが、いまガイガーカウンターを必要としているのは京都ではなく福島だからということで、二台送ってきてくださったのです。それで東和地域の農地八〇カ所を測ったところ、濃度が高いところ低いところが見えてきました。その後八月になって、ベクレルモニター〔食品や水に含まれる放射能量を測定する装置〕という簡易式の農産物用放射線測定機を「道の駅」に導入しました。どんどん測ることによっていろいろな実態が見えてきました。それまでは福島県の農産物や牛乳は、東京と千葉の日本分析センターなどの民間の調査機関に出していたのです。福島県には原発安全神話に隠れて、放射線測定機が備えられていなかったのです。

――放射線能測定の体制整備について国や自治体から何か働きかけはなかったのですか。

ありませんでした。自治体は県や国の指示待ちの状態でした。放射能の問題にしても除染の問題にしても、あるいは農産物を出荷するかどうかの問題にしても、すべてそうでした。原子力事故への対応など想定もしていなかったので、県や市町村には放射線を測ろうにも測定機すらなかったんです。だから私たちは国や県の指示を待っていたのでは、この見えない放射能にいつまで経っても対応できないと思ったのです。

――たとえば二本松市が県や国に対して、測定機を用意せよと要求することはなかったのでしょうか。生産者が測定機を導入するのを傍観しているという状態だったのでしょうか。

ゲルマニウム半導体検出機〔放射性物質の種類別に正確な濃度測定ができる装置〕が県にも市にもない状態だったんです。県にやっと四台入ったのが七月初めでした。私たちはNPOだったから測定機を手に入れることができましたが、個々の農家に対してはいまでも測定機に関する支援は何もないです。二本松ではやっといまになって、ベクレルモニターが学校給食センターに入ってきたという程度です。農家が自治体に対して声を上げなかったというわけではありません。自治体による温度差は大きいと思います。

（二〇一一年）四月一二日に耕作許可が出ましたが、そのときに二本松で土壌検査をしたのはわずか八地点、県全体でも二四〇地点程度でした。だから、後になって福島市の大波地区などで高い値が出た。四月の段階でもっときめ細かい調査をしていれば、そんなことにならなかった。それだけ土壌検査をする機器も体制もなかったということです。きめ細かい実態調査を最初から国と東電がやるべきだったというのが私たちの見解です。それがずっと行われなかったために、正直言って、自分の畑や田んぼがどのぐらい汚染されているか分からなかったのです。

国や自治体、東電の動きを待っていたのではいつまで経っても何もできない。だから、自分たちで民間の支援を受けて測ることにしたのです。私たちはたまたまNPOだったので支援を受けることができました。南相馬では東大の先生が入ってやっています。ただ、みなバラバラに測定していて連携していません。

きめ細かな放射線量調査

（二〇一一年）七月下旬に標高六〇〇メートルのところにある私の大根畑を耕してみました。草の上で一・五マイクロシーベルト／時あったのが、三回耕して半分に下がりました。プラウ〔土壌を耕起する機具〕で反転耕すると、表面五センチに一万五〇〇〇ベクレル／㎡もあるのが、三回耕すと三分の一、四分の一になったのです。セシウムが散らばるのです。大事なのは、米や野菜にセシウムを吸わせないということです。「これならいける」と実感するようになりました。

こうしたデータが出てきたのは九月、一〇月です。これは、有機農業学会の専門家が東和に支援に入って田んぼなどの調査をして初めて分かってきたことです。

有機農業学会の先生方と稲刈り前に調査しました。玄米への移行係数〔放射性物質が土壌から作物へ移

プラウの反転耕作業。全国から視察にやってきた人々に菅野さん自らデモンストレーション／2012年3月25日（菅野さんの水田にて）

行する度合い」を調べるためです。一枚の田の水が入るところを三カ所、真ん中を三カ所、水が抜けるところを三カ所と、計九カ所を調べてみると、やはり山の水が入るところは放射線量が高く、抜けるところは低いんです。これは何を意味するかというと、山の汚染度が高いということです。国や県の土壌調査は数カ所を調べるだけですが、きめ細かに調査すると場所によって線量が全然違う。地域の農家と研究者が一緒になって検証することによって初めて実態が明らかになることを実感しました。

私のいる地区の土壌汚染は二〇〇〇〜三〇〇〇ベクレル／㎡だということが分かりました。高いところでは五〇〇〇ベクレル／㎡以上の場所もあります。山の汚染も調べたら、やはり落ち葉の表面五センチから七センチは一万ベクレル／㎡以上あることも分かってきました。こうしたことが実態調査をやって初めて分かりました。昨秋以降はこういう調査をずっとやってきました。

再生の光――土がセシウムを吸着する

――耕すことによって作物がセシウムを余計に吸収するのではないか、という意見も耳にします。また、有機農家にとっては長年苦労して作ってきた土を入れ替えるなどできないという声もありますね。

農地の除染という言葉がありますが、除染とは表土をはぐということです。いままで培ってきた土をどこかに持っていくというのは、ゼロからのやり直しを意味します。また仮置き場もないのに、除染しても土の持って行き場がない。ダンプに積んで運ぶとしても一体いくら金がかかるんだということになり、経済的にも物理的にも不可能だと思います。何十年もかかるでしょう。その間農家は何をしたらいいのか。

さっき言ったように、セシウムは日本の土壌では粘土質や有機質に吸着されて、イネなどが吸わずに済むことが分かってきました。つまりセシウムが土壌中にしっかりと吸着しているということです。ならば除染ではなく、セシウムを土中に管理して米や野菜に吸わせないようにするほうがいい。農水省が今年（二〇一二年）二月に発表した調査によると、福島県の米の九八・四％が五〇ベクレル／kg以下、九〇・四％が二〇ベクレル／kg以下だったのです［農林水産省「農業生産現場における対応について」］。去年（二〇一一年）、ごく一部で国の暫定基準値（五〇〇ベクレル／kg）を超える高い値が出て、それをマスコミがセンセーショナルに騒いだために、福島県の米は全部だめかのような印象が出来上がってしまいました。実際はそうではないのに、それは報道されないのです。

実際に耕して種を播いてみて、米、野菜にはあまり移行しないことが分かった。とくに有機の土ほど

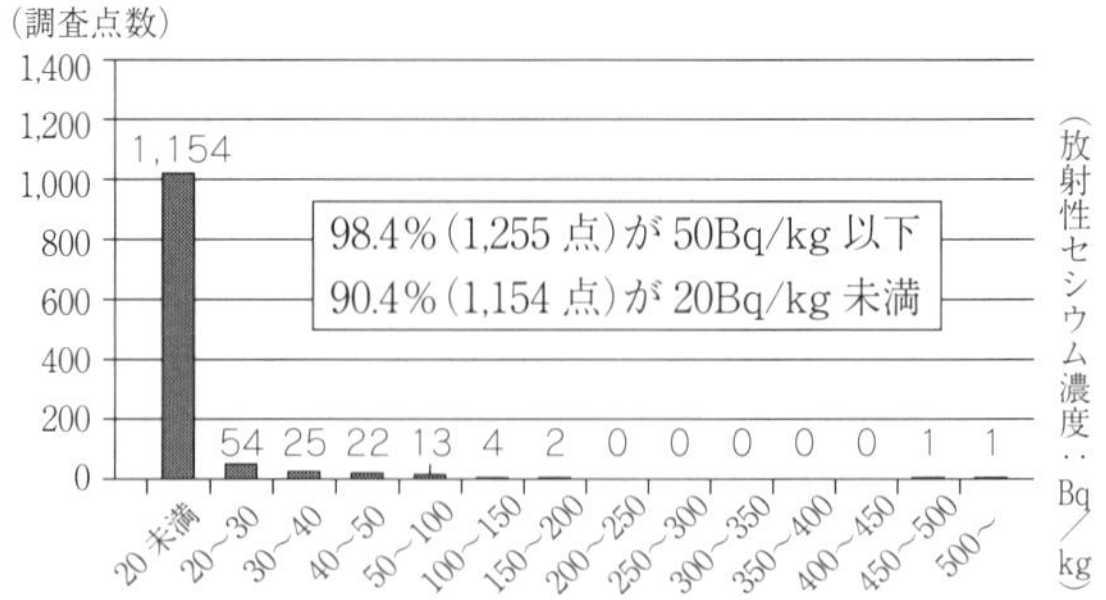

図　福島県の米のセシウム濃度

注：2011年11月17日までに厚生労働省が公表したデータに基づき作成。放射性セシウムの暫定規制値は、500Bq/kg。
出所：農林水産省「農業生産現場における対応について」2012年2月、P.5。

セシウムを吸わないのです。だから有機農業によるセシウムの低減技術に復興の光が見えると思います。来年（二〇一三年）以降は本当にゼロベクレルになるだろうという展望が出てきました。ただ問題は、作物によって放射能が出やすいもの出にくいものがあるということです。キュウリ、トマト、ナス、大根、白菜、サトイモ、人参はほとんどゼロから二〇ベクレル／kgです。出やすいのは梅、栗、柿、ゆずなどの果樹類とベリー類です。出やすいものは春に裸の葉っぱや樹皮についたものが移行した、あるいは果樹園はあまり耕さないので土から移行したのではないかと思われます。そういったものは五〇～一〇〇ベクレル／kg程度です。うちの栗は一六〇ベクレル／kgでした。あとは大豆や豆類が少し高いですね。三〇、五〇、高いものは一〇〇ベクレル／kg以上あります。どうも豆類の場合は根粒菌が、キノコの場合は菌糸がセシウムを吸収しやすいようです。

——耕作が農家の人々の被曝につながることを懸念する声もありますし、なかには被曝リスクを軽視しているという批判もあります。農家自身はどういう被曝対策をとっているのでしょうか。

先ほども述べたように、草を刈って耕せば線量が下がります。去年（二〇一一年）の夏、飯舘村や浪江町では草ぼうぼうの状態でした。それではいつまで経っても放射線量は下がりません。私たちはゼオライトなども使って線量を下げ、被曝を抑えています。

食品を通じた内部被曝に関しては、いろいろな工夫によって線量を下げられます。たとえば玄米の状態で五〇ベクレル／kgでも精米すると下がり、研げばさらに下がるので、実際に口に入るときはほとんどゼロベクレルになります。ワラビなどの山菜も、去年の春採って塩漬けにしておいたら、今年の検査では不検出でした。そういう、被曝を防ぐさまざまな工夫を農家がしていることを消費者にも知ってほしい。また、国は責任をもって、福島県民全員が無料で健康診断を受けられるようにすべきです。健康管理をきちんとしていく体制作りを求めたいと思います。

四　食品の放射線量の基準について

――県や国から品目ごとに基準値を変えようという動きが出てきました。生産者側の対応を聞かせてください。

今年（二〇一二年）一月二四日、食品中の放射性セシウムの新基準値について厚生労働省らによる説明会が開かれ私も参加しましたが、福島県が一年間検証してきた結果を新しい基準に生かしてほしいと訴えました。

一般食品については、もっときめ細かく基準設定すべきでしょう。主食の米、野菜は福島県産もほとんど五〇ベクレル／kg以下ですから、現行の新基準値一〇〇ベクレル／kgをさらに下げ、五〇ベクレル／kg以下に設定しないと食べる人も納得しないと思います。生産者にしても、一〇〇ベクレル／kgの米を毎日食べるのか。そうはいきません。ですからもっと基準を厳しくして農家自身も食べられるようにすべきです。それは五〇ベクレル／kg以下でしょう。でも、栗のように年間に数回しか食べないものまで厳しくするのはおかしい。

今回、山も落ち葉も堆肥も藁も全部汚染されたことで、これらが農業にとっていかに重要であるかをあらためて自覚しました。こうした地域資源をちゃんと使えるようにしなければ本当の復興にはならないと痛感します。しかし山の汚染は深刻だし、世界中から堆肥や藁を集めればいいかと言えばそうではありません。地域にあるものを活かすのが有機農業の本来の姿です。今後きっちり検証しながら使えるものは使い、地域の資源を生かしながら復興したいと思います。説明したように、有機農業による土づくりがセシウムを吸わせないことにつながる。それが分ってきたので、しっかりと測定し、学校給食でも地産地消を取り戻したいと思います。学校給食で復活させていかなければ、東京の消費者だって、福島県の人が食べないのになぜ東京の人が食べられるの、ということになりますから。まずは福島県で農家も食べられる、孫にも食べさせられる、学校給食にも取り入れられる、そういうことを一つひとつ復活させることが復興への道です。今年は、土づくり、学校給食の地産地消の復活、そういったことをやっていきたいです。

――しかし、福島県内の学校給食に福島産のものは使わないでくれという声があります。

保護者からそういう声があるので、二本松市では今年の一月下旬、学校の給食センターに測定機が導入され、測定することになりました。農家でも測る、給食センターでも測る、つまりこれから二重、三重の検査体制が作られるだろうと思います。やはりきっちりと測っていくしかありません。

――そういった情報は福島県内でも広く伝わってはいないのではないでしょうか。

まだまだ伝わっていません。福島県から避難している若いお母さん方や保護者の方々に、こういう有機農業のとりくみや検査結果を伝えていきたいです。県や市町村ももっと伝えるべきだし、マスコミもきっちりと報道すべきです。九八％が五〇ベクレル／kg以下だったと。放射性物質は福島の周囲の宮城、岩手、茨城、千葉にも降りましたが、これだけ測定できているのは福島県だけです。他県はまだそういう体制が作れていません。とくに宮城県では、うちの県では測らない、と県が言っています。同じ東北でも温度差は確かにあります。

みなで問題を乗り越えていく

――どういうところで温度差を感じますか。

たとえば先日、有機農業者の集まりが秋田であったのですが、岩手の農家と酒の席で議論になりました。その人が「福島県はお金をもらって原発を誘致したでしょう」というのです。そのおかげで東北全体の農産物が汚染されているかのように扱われて、被害に苦しんでいるんだと。そのときに「あー、これは温度差があるな」と思いました。みなが原発の被害者なのに、福島県が加害者のように思われている。岩手は福島とちがって安心だよと彼らはアピールしたいわけです。実際いま関西の有機農家が、東北の農産物は汚染されているけれど関西産は安全だとして東京の生協などに売り込みをかけています。それは経済行為だからやむを得ません。福島は汚染された。関西は汚染されていない。消費者は汚染されていないものを選ぶ。それはいまの経済の仕組みの中では仕方がありません。

でも、福島県のせいで自分たちが苦しんでいるとか、福島県の野菜はだめだから私たちの野菜を買ってくれとか、そういう次元を乗り越えていくことこそが必要ではないでしょうか。生産者対消費者、都市対農村といった構図ではなく、もう原発と農業は共存できないことが分かったのだから、原発のない次の時代をどうつくるかを生産者も消費者も、都市も農村も一緒になって考えましょうと言いたい。原発のない社会とは、再生可能なエネルギーを作り出していける、持続可能な農業をできる、環境を守っていける、人間の命を守っていける、そういう持続可能な地域社会のことを指すのでしょう。そういうふうに議論していかないといけないと私は思っています。

——以前から消費者との直かの関係を作ってこられたと思いますが、そういう議論を消費者と交わす機会はありましたか。あったとすれば、どんな反応が返ってきましたか。

一番難しいのは、地元の若いお母さん方との関係です。避難している方に対してもそうですが、地元で福島産のものを学校給食に使わないでくれと言っている方々にどうやってもっと伝えていくのか、それが難しい。東京の消費者には生産者と消費者が対立するのではなく一緒に考えようと話をすると「そうだ、そこが問題だ」ということで一定程度理解してもらえます。ただし、まだ売り上げにはつながっていません。

去年（二〇一一年）は私たちの仲間が首都圏で野菜の直接販売を行っていましたが［章末参考文献『放射能に克つ農の営み』第四章を参照］、今年四月に被災者のための高速道路の無料化が打ち切られたこともあって採算が合わなくなり、いまは中止しています。ビジネスとして継続できるような販売体制の再構築を検討中です。

――福島の若いお母さん方や、食品の安全を求めて福島産農産物を敬遠する人たちとも対話をしたいということですが、どういうことを一番伝えたいですか。

まず現場の農家のとりくみを知ってもらいたいです。去年の一二月一五日に京都の立命館大学で行われたシンポジウムに呼ばれましたが、福島から避難している若いお母さんもパネリストとして参加していました。たぶん彼女は自分の大変な状況を話すつもりだったのでしょうが、私の話を聞いて、そういう農家のとりくみや作物への移行係数が低いことなどを初めて知ったと言っていました。福島のものは全部汚染されていると思っていたけれど、菅野さんの話を聞いてそうではないことがわかり、元気が出てきたと話していました。たしかにシイタケやキノコ類は線量が高いですが、毎日食べる米や野菜は低いのです。食品の放射能の問題は「農家の問題」ではなく、みなで一緒に考える問題だと思います。これをきっかけに健康の問題を一緒に考えようと呼びかけたいです。

五　住民主体の復興をめざして

――今後、福島はどういう復興をめざすべきだと考えますか。

原子力ムラと大企業中心の時代は終わりました。大企業や原発に頼らない地域・経済をつくるためには地域で雇用を生み出す産業を興し、働く場を作ることが必要です。そのためには、たとえば私たちがやってきた桑の実の加工など、六次化産業［「一次産業×二次産業×三次産業」によって創出される新たな産業連携のこと］を進めることによって働く場を作ることが必要です。たとえば、この間ヨーロッパに行ってきましたが、ドイツではビールはみな地ビール、地域に根ざしたビールです。日本の三大ビール会社のように、大企業が牛耳っているのではないのです。地酒があるように地ビールがあって当たり前です。日本でもまさに江戸時代までは、地域経済というのは農家が大豆を収穫し豆腐屋にもって行って豆腐を作ってもらい、鎌や包丁は鍛冶屋にもって行って研いでもらうというものでした。つまり地域単位で経済が循環し暮らしが成り立っていた。その現代版をつくろうということです。昔に戻るのではなく、これだけ進歩した日本の技術を生かして、新しい産業、地場産業を育成するのです。

東京にこんなに集中しないで、東京の人はみな地方に行ってほしい。地域で耕して、地域を再生させ、地域に働く場を作るのです。東京になんかいないで、帰農しなさい、と言いたい（笑）。そうでなければ日本の復興はないと私は思います。東京にいて原発とめろと騒いでいる場合じゃない（笑）。これまで福島の原発から電気をもらっていたなら、原発とめろ、と言うだけでなく、直接地方に足を向けるべきです。東京の人たちには地域に入って省力発電とか太陽発電に地元の人たちと一緒にとりくんで、農業と地域の再生や、エネルギーを地域自給する仕事に就いていただきたいです。

――**「有機農業が作る六次化産業」とはどういうものですか。**

健康へのリスクは放射能だけではありません。アレルギーや、遺伝子組み換えや、化学物質。いろいろな家畜の伝染病も広まっています。健康を考えれば、農薬や化学肥料を使わない農業、それに基づく加工が必要です。いまはジュースも醤油もすべて大手企業が加工していますが、そうではなくて地域のものは地域で加工するのが、エネルギーや二酸化炭素の排出の観点から言っても望ましいのです。それで経済を回して、余ったものは東京の人たちに食べさせてあげましょう（笑）。そういう地域経済を興していくことがこれからは必要です。地域資源を生かした醤油があり、お酒があり、エネルギーがあり、住宅がある、というぐあいに地域で衣食住を作り出す、そういう仕組みづくりができないか。それをこれから模索したいですね。それが六次化産業ということです。埼玉県の小川町が良い例です。福島県では二本松市をそういうモデルにしようといま動き出しているところです。そういうことを震災前から考えていたのですが、まさにいまこそ転換期だと思います。いま転換せずにいつ転換するのでしょうか。このままずるずると原発の再稼働を許したり輸出を許したりして、そこに大企業が群がって――そういう状態をそのままにするのか、それとも新しい地域の仕組みに転換していくのか。私はいまこそ転換するときだと強調したいです。

――**「有機農業がつなぐ医療、教育、福祉、文化」を掲げておられますが、それはどういう意味でしょうか。**

日本は本来長寿国です。それはやはり、かつての食生活が米、野菜、魚、雑穀を中心としていたからでしょう。そういう日本型食生活で私たちの祖父母たちは明治、大正、昭和と生き抜いてきて日本は長寿国になりました。ところがこの数十年の間に輸入農産物が入り、マクドナルドなんかが入ってきて、アレルギーなどの問題が出てきました。あまり言いたくありませんが、福島県の若いお母さんが脱原発アクションで経済産業省前で「放射能から子どもを守れ」と訴えた後、マクドナルドでハンバーガーを食べるのはいかがなものかと思うときもあります。健康へのリスクは放射能だけではなくていろいろあります。

そういう日本型食生活は医療費の抑制にもつながります。健康な作物と健康な家畜によって健康になれる、それによって医療費を抑制できます。つまり農業と医療は結びついているんです。だからこそ有機農業的な農業が大事なのです。いま南相馬には農業分野の復興事業にもゼネコンが入って大規模にやろうとしている。年寄りと子どもを追い出し、農薬と化学肥料をぶちまけるのでしょうか。そんなことを繰り返すのではなく、有機農業的な農業と食生活の改善によって医療費を抑える。

それは広く教育、福祉、文化にも通じるものです。お年寄りにとっては畑で作物を育てるのが生きがいなのですが、原発事故で農業ができなくなったことでとても辛い思いをしています。だからベクレルモニターで測って、じっちゃん、ばっちゃんに「これなら孫にも食べさせられる」と思ってもらいたいのです。孫に「おいしかったよ」と言われるのがお年寄りの生きがいです。その生きがいとやりがいを原発事故は奪ってしまったんです。障がいをもった人たちも畑や田んぼに来ると生き生きしています。農業は子どもからお年寄りまでみなが一緒になれるフィールドなんです。だからそれは教育にも福祉にも文化にも通ずると考えて、「有機農業がつなぐ医療、教育、福祉、文化」という言い方をしているんです。

――これまでのお話をうかがっていると、福島県の復興計画の方向性は菅野さんたちのめざす方向と違うのではないかと感じます。たとえば、計画にある「農業の再生」という項目には「企業等の農業参入を支援するための事業」「農地の利用集積を推進するための事業」といった文言があります。除染についても大手ゼネコンと契約して一括して行うといったことが一部地域で進んでいます。再生可能エネルギーの導入に関しても、大企業が進出するというのは菅野さんたちのお考えと違うのではないでしょうか。

持続可能な社会というときに、いまのままの社会を持続可能にしようという流れもありますね。たとえば、セブン＆アイ・ホールディングスなどが放射能の影響を受けない野菜工場を作ろうとしています。福島県川内村などでも野菜工場を作ろうと動いています。今回の原発事故をきっかけに企業が農業に参入しようという動きが出ています。南相馬のように除染でゼネコンが動いているところもある。県とすればそういうところも含めて一緒になって復興しようということなのでしょうか。私はそれは本当の復興ではないと思います。地域の住民を主人公とした地域の再生が何よりも大事だと思っています。

――菅野さんが描かれる今後数年間の農業再生・復興計画のビジョンをお聞かせください。

福島県有機農業ネットワーク［福島県内の有機農業に関わる農業者、消費者、研究者、農業団体、行政などが連携し有機農業の発展をめざすネットワーク。二〇〇九年設立］では、向こう五年から一〇年の間に実現したい「ふくしまゆうきの里構想」をもっています。その柱の一つは、放射能測定研究センターの設立です。いま多くの研究者が福島県内に入って測定や除染などの活動をしていますが、互いの成果が共有化されていないし、多くは住民抜きで行われています。私たちは、研究者のための研究ではなく、研究者と農家とが共通の目標をもって共同で調査・研究することが大事だと思っています。地形や現地の様子を一番よく知っているのは住民ですから。国や県もセンターを作ってはいますが住民主体ではない。住民が主体となって実態を検証していくためには、民間レベルでも放射能測定センターを作らなければいけないと思っています。

二番目の柱は有機農産物加工センターの設立です。いま全国のどこの加工業者も、福島県の農産物はたとえ放射能がゼロでもお断り、という状態です。だから福島県の農産物は福島県で加工する体制を作りたい。これは同時に地場産業育成にもなり、雇用も生み出せます。

三番目はオーガニックレストランの開設です。私たちが今年（二〇一一年）三月二四日、二五日に郡山市で開催した「福島視察・全国集会」［「農から復興の光が見える―有機農農業が作る持続可能な社会」主催

「福島視察・全国集会」の参加者が見守る中で行われた、放射線量を下げるための果樹の樹皮を削る作業／2012年3月25日（福島市にて）

＝同実行委員会。全国各地から農業者、消費者グループ、ＮＧＯ、大学関係者など約三五〇名が参加。シンポジウムと放射能低減活動の視察が行われた」でもそうでしたが、やはり農家や消費者や研究者らが一堂に顔を合わせて交流できる場がとても大事です。でもいまはそういう恒常的な場がありません。そこで、交流のできる研修宿泊施設を作りたいと考えています。そこでは地元の食材を味わってもらうことも、農産物・加工品の販売もできます。また、いま耕作放棄地が広がっていることから、新規就農者や体験就農者を受け入れるための場としても考えています。

——最後に、読者へのメッセージをお願いします。

消費者の中には、放射線量の大小にかかわらず農産物が放射能に汚染された場合やその恐れがある場合、生産者は生産を中止すべきだと考える人もたくさんいます。でも、それは農家だけに問題を押しつけていることになっていないでしょうか。

東北の農産物は敬遠して、西日本の農産物を食べていればいい、自分だけ健康ならいい、それで済むような問題ではないのではないでしょうか。私は、消費者と農家を分断したり、都市と農村を分断したりするのではなく、消費者も農家も、都市も農村も一緒になって、この原発を生んだ大人の責任として原発に向き合い、放射能に向き合っていこうと呼びかけたい。福島第一原発の事故以降、日本にはもう逃げ場はありません。日本に住むからには放射能に向き合うしかないのです。きれいな空気ときれいな水があり、米と野菜を作ることができ、そこに働く場がある、そんな日本にするために一緒に知恵を出し合っていきましょう。

「がんばろう、日本」ではなく「変えよう、日本」を標語にしましょう。

参考文献

菅野正寿「次代のために里山の再生を」池澤夏樹・坂本龍一・池上彰ほか『脱原発社会を創る30人の提言』コモンズ、二〇一一。

菅野正寿「有機農業がつくる、ふくしま再生の道」農文協編『脱原発の大義―地域破壊の歴史に終止符を』農村漁村文化協会、二〇一二。

菅野正寿・長谷川浩編『放射能に克つ農の営み―ふくしまから希望の復興へ』コモンズ、二〇一二。

Ⅱ 福島とともに

5 福島支援と脱原発の取り組み

満田夏花
（国際環境NGO FoE Japan 原発・エネルギー担当）

はじめに

二〇一一年三月一一日。FoE Japanの事務所は、年度末ということもあり、報告書作成や精算など、各自がそれぞれの作業に追われていた。環境団体のこだわりから、節電のために事務所は寒く、スタッフたちはコートを羽織り、ひざ掛けをして、こごえる手をさすってはキーボードを叩くという仕事風景。地震におそわれたのは、そんなときだった。本棚が倒れ、壁の表面にひびが入るほどの激しい揺れだった。私は歩いて家にたどりついたが、小学校で一夜を明かした同僚も多かった。

FoE Japan（フレンズ・オブ・ジ・アース・ジャパン）は、世界七八カ国にグループがある国際的な環境団体のネットワークの一員である。気候変動、森林、廃棄物、開発金融と環境など、さまざまな環境問題に取り組んできた。原発問題は私たちの活動テーマとはなっていなかった。

しかし、あの日を境に、それががらりと変わることとなる。あの日々を私は決して忘れないだろう。なすすべもなく、無力感を感じながらテレビの映像を見守った日々。東京電力福島第一原子力発電所の大惨事。ぼやけた映像の中で原発の建屋が見る影もなく、消滅してしまったのを見たときの恐怖と衝撃…。

一　なぜ、ＦｏＥ Ｊａｐａｎが原発に取り組むのか？

三・一一後の忘れえぬ日々――「いま何をなすべきか」徹底議論

三・一一後毎日のようにスタッフ会議が開かれた。「いま何をなすべきか」――。

被災地への支援について、国際環境ＮＧＯという立場から何ができるのか、くりかえし議論した。そして、原発事故への対応についても。その結果、私たちは、私たちの社会の根幹の問題にかかわる、原発問題、エネルギー問題に真正面から取り組むこと、また、原発事故と放射能汚染の脅威にさらされている福島への人たちへの支援に全力をあげることを決定した。私たちには資金も、知識も、何もない。無謀といえば無謀な決定だった。

「素人に何がわかる」への葛藤

ＦｏＥ Ｊａｐａｎは多岐にわたる環境・社会問題に取り組み、分野によっては一定の成果を上げてきた。限定された分野、たとえば途上国での環境・人権問題に関する政策提言や、木材利用における環境社会配慮などの分野では、最先鋭の活動を展開してきたという自負もあった。しかし、原発や放射能問題に関しては、私たちはそれまで特段の知識があったわけではない。それがいきなり、「原発に取り組む。福島の被ばく最小化に貢献する」と宣言し、やみくもに突っ走り始めたわけだから、組織内での危惧や葛藤がなかったわけではない。

たとえば、こんな出来事があった。

二〇一一年三月二四日、福島第一原子力発電所で、東京電力の協力企業の作業員の方々三名が被ばくした。翌二五日、私たちは、作業員が十分に防護されていない状況、および、厚生労働省が、福島第一原発での緊急作業に限って、労働者が受ける放射線量の限度を年一〇〇ミリシーベルトから二五〇ミリシーベルトに引き上げたことに関する抗議声明を発出した。

その過程で、ある組織関係者から、「こんな声明を出すべきではない。放射線の影響についてはいろいろと議論がある。素人が、放射線量や被ばく問題に関してとやかく言うことは、事態の混乱をまねく」という趣旨のクレームが寄せられた。

しかし、いわゆる〝専門家〟、とくに原子力ムラの御用学者たちが原子力に関する安全神話をつくってきており、その結果が原発事故につながったのではなかったのか。それを許したのは、〝専門家〟に対する過信と権威への盲目的な依存、良識的な市民によるコントロールの弱さであろう。現に、その頃、何度もテレビに出演して、「健康への影響はない」とくりかえす御用学者たちが目立ったが、そのような学者に、行政やメディアを支配させたままでよいのだろうか。

何よりもＦｏＥ Ｊａｐａｎを特徴づけているのは、あるいは青臭いかもしれないが「社会的な正義」を常に意識し、単なる環境問題にとどまらず、社会の構造的な不条理にまで踏み込んだ活動を行い、常に社会的に弱い立場に追いやられた方々の側に立ってきたことではなかろうか。政府の基準引き上げはあきらかにおかしい。原発労働者の人権を守るためにも声をあげるべきだ。たかが声明、されど声明。独立した市民団体として、毅然として意見表明をすべきだ――。

そんな議論ののち、私たちはこの声明をそのままの形で発出した。

そのときの私たちの判断は結果的に間違っていなかったと思う。その後も日本政府は、実態に合わせて基準を緩め続け、国内外の批判は高まった。その後、私たちが全力で取り組むことになる「二〇ミリシーベルト撤回運動」の一つの伏線ともいえる出来事だった。

二　二〇ミリシーベルト撤回運動

ある日の文科省前

二〇一一年、五月二三日の午後、小雨がときどきぱらつく中、文部科学省の東館前は異様な熱気に包まれた。福島からバス二台を連ねてやってきた七〇名の父母たちとそれを支援する市民団体、総勢六五〇名。与野党を問わず、かけつけてくれた国会議員たち。あくまで二〇ミリシーベルトの撤回を求める父母たちに対して、言を左右にする渡辺格・文部科学省科学技術・学術政策局次長。文科省の旧館は、全国から参加した市民による人間の鎖によって取り囲まれた。

二時間以上行われた交渉は白熱し、理屈にあわぬ先方の答弁に対して「大臣出てこい！」「二〇ミリシーベルトを撤回！」などの声はどんどん高まっていった。高木義明文部科学大臣や、笹木竜三・鈴木寛副大臣、笠浩史政務官、林久美子政務官が姿を現すことはついになかった。それでもこの熱気にみちた抗議行動の状況は、広く報道され、政府に対する圧力になったと思う。

四日後の五月二七日、文科省は、「学校内で年一ミリシーベルトを目指す」という内容の通知を発出。学校外は考慮しないなどの課題を残しつつも、文科省前の要請行動は、一定の成果を上げた。しかし、新しい校庭利用基準の毎時一マイクロシーベルトも放射線管理区域（毎時〇・六マイクロシーベルト）をはるかに超える値で、問題は解決されたとはいえない。

同時に、福島の子どもたちを守るためには、校庭などの利用基準とともに、避難・疎開の問題が、重要な課題として浮かび上がってきた。「年二〇ミリシーベルト」基準は避難区域設定の基準ともなっていたためだ。

文科省前で20ミリシーベルト基準撤回を求める市民たち

文科省「二〇ミリシーベルト」の衝撃

私たちは、他の市民団体とともに、四月下旬以降、子どもに対する「年二〇ミリシーベルト」を撤回させるため、政府交渉や署名活動を展開していった。ここでこの経緯を振り返ってみよう。

二〇一一年四月一九日、文科省は、学校等の校舎・校庭等の利用判断における放射線量の目安として、年二〇ミリシーベルト、校庭において毎時三・八マイクロシーベルトという基準を、福島県教育委員会や関係機関に通知した。このことにより、いままで校庭の利用を控えていた学校側は、毎時三・八マイクロシーベルトを安全基準と判断し、子どもたちの屋外の活動制限を解除した。

しかし、この「年二〇ミリシーベルト」、またそこから導き出された「毎時三・八マイクロシーベルト」という基準は、下記の点で極めて問題であった。

- 三・八マイクロシーベルト／時は、労働基準法で一八歳未満の作業を禁止している「放射線管理区域」（〇・六マイクロシーベルト／時以上）の約六倍に相当する線量である。
- 二〇ミリシーベルト／年はドイツの原発労働者に適用される最大線量に相当する。
- 原発労働などによって白血病を発症した場合の労災認定基準は、五ミリシーベルト／年×従事年数である。実際に白血病の労災認定を受けているケースで、二〇ミリシーベルト／年を下回るケースもある。
- 子どもの感受性の強さや内部被ばくを考慮に入れていない。

高まる批判の声

この「年二〇ミリシーベルト」基準が文科省から発表されるや否や、国内外で大きな批判の声が上がった。

たとえば、一九八五年のノーベル平和賞を受賞した「社会的責任を果たす為の医師団」（ＰＳＲ）は、四月二九日、下記のような声明を出している。


放射線に安全なレベルは存在しない、という事は、米国国立アカデミーの全米研究評議会報告書

『電離放射線の生物学的影響Ⅶ』において結論づけられ、医学・科学界において広く合意が得られています。自然放射線を含めた被曝は、いかなる量であっても発がんリスクを高めます。さらに、放射線にさらされる全ての人々が、同じように影響を受けるのではありません。例えば、子供達は、大人より放射線の影響を大変受けやすく、胎児はさらに脆弱です。このため、子供達への放射線許容量を二〇ミリシーベルトへと引き上げるのは、法外なことです。なぜなら、二〇ミリシーベルトは、成人の発がんリスクを五〇〇人に一人、さらに子供達の発がんリスクを二〇〇人に一人、増加させるからです。また、このレベルでの被曝が二年間続く場合、子供へのリスクは一〇〇人に一人となるのです。つまり、このレベルでの被曝を子供達にとって「安全」と見なすことはまったくできません。

国内でも批判の声が高まった。私たちは、この「年二〇ミリシーベルト」基準の撤回を求める署名運動を開始。わずか一〇日間ほどで、世界六一カ国から一〇七四団体の賛同および五万三一九三筆の署名が集まった。

四月二九日、内閣官房参与の小佐古敏荘氏が辞任。辞任の弁の中で、「[年二〇ミリシーベルトを]乳児、幼児、小学生に求めることは、学問上の見地からのみならず、私のヒューマニズムからしても受け入れがたいものです」と述べた。

五月二日、政府交渉での攻防

二〇一一年五月二日、私たちは、福島みずほ議員事務所の協力により、厚生労働省、文部科学省、原子力安全委員会に対する政府交渉を行った。

交渉は、まず厚生労働省、次いで、文部科学省、原子力安全委員会と行われた。下記に政府と市民団体のやり取りの一端を紹介する

◎二〇ミリ基準決定の経緯について

市民側「いったいどの専門家が、「二〇ミリが安全」としたのか？」
原子力安全委員会「「二〇ミリシーベルト」は基準として認めていない。また、安全委員会の委員全員および決定過程にかかわった専門家の中で、この二〇ミリシーベルトを安全とした専門家はいなかった。」

◎放射性管理区域と学校

市民側「厚労省は、放射線管理区域（〇・六マイクロシーベルト／時以上）で子どもたちを遊ばせてよいのか？」
厚労省「遊ばせてはならないと認識している。」
市民側「それでは、同じレベルの学校で、遊ばせてはよいのか。」
厚労省「…」

◎モニタリングしかやらない文科省

文科省「二〇ミリでよいと言っているのではなく、もちろん、被ばく量を低減するための措置をと

っていく。」
市民側「どのような措置か？」
文科省「モニタリングを実施している。」
市民側「低減のための〝措置〟は？」
文科省「…」

◎子どもであることを考慮しない理由
市民側「なぜ子どもであることを考慮に入れないのか？」
文科省「ＩＣＲＰ〔国際放射線防護委員会〕も子どもと大人を分けていない。」
市民側「原子力安全委員会もそういう見解か？」
原子力安全委員会「子どもであることを考慮に入れるべきだ。」

このやりとりの過程で、原子力安全委員会が、「二〇ミリシーベルトを安全とした専門家はいない」「内部被ばくを重視すべき」「子どもであることを考慮に入れるべき」と明言したことは成果だった。

五月二三日文科省前要請行動と文科省「一ミリシーベルト」通知

その後、私たちは、署名運動第二弾を開始。また、精力的に国会議員への働きかけを行った。党派を超えた議員三三名から「二〇ミリ撤回」の署名を得ることができた。民主党の中でも、この二〇ミリ問題に関する批判の声は大きく、川内博史議員、森ゆうこ議員などがその急先鋒であった。しかし、文科省はかたくなに態度を変えなかった。

ついに、東京でのコーディネート役を担っていた「福島老朽原発を考える会」（フクロウの会）とＦｏＥ Ｊａｐａｎとで、福島の親たちが直接文科省に交渉をする場を設けることを要請。前述の五月二三日の要請行動とつながる。

五月二七日、文科省は、「福島県内における児童生徒等が学校等において受ける線量低減に向けた当面の対応について」を発表し、「今後できる限り、児童生徒等の受ける線量を減らしていくという基本に立って、今年度学校等において児童等が受ける線量について、当面一ミリシーベルトを目指す」とした。

これが大きな前進であったことは間違いない。しかし、この内容には、下記のような問題があった。

- 二〇一一年四月の始業式から、来年三月の終業式までの間であり、二〇一一年三月の、事故があった月の被ばく量は含めていない。
- 学校内における被ばく量の目標値であり、学校外における被ばく量は含めない。内部被ばくを含めていない。
- これはあくまで目標であり、超えた場合に何かの措置をとるわけではない。

すなわち、「一ミリシーベルト」と文科省がしている目標値は、実際にははるかに高い線量を指しているのである。

もはや、文科省に子どもたちを守ることを要請するのは無駄であると感じられた。夏休みが迫る中、福島の親たちの団体である「子どもたちを放射能から守る福島ネットワーク」の中でも、避難や一時的な県外への移動を考える親たちが増えてきた。このため、避難を促進するための措置を、原子力災害対策本部に求めていく必要性が高まってきた。

三　「避難の権利」確立に向けて

避難の権利とは?

一連の活動の中で、私たちは、「避難の権利」を訴えてきた。「避難の権利」とは、すなわち、「自らの被ばくのリスクを正しく知り、自らの判断で避難をするか留まるかを判断する権利」で、これを達成するため、下記の三つの権利が保証されなければならないとするものである。

- リスクを知る権利
- 正当な賠償を受ける権利
- 生活再建のための行政支援を受ける権利

人はだれでも安全に、健康で文化的に暮らし、幸福を追求する権利を持っている。これは憲法でも国際規約でも認められており、普遍的に認められている当然の権利だ。

それなのに、なぜ、私たちがことさら「避難の権利」を強調しなければならなかったのか?

図１　自主避難に関するアンケート結果

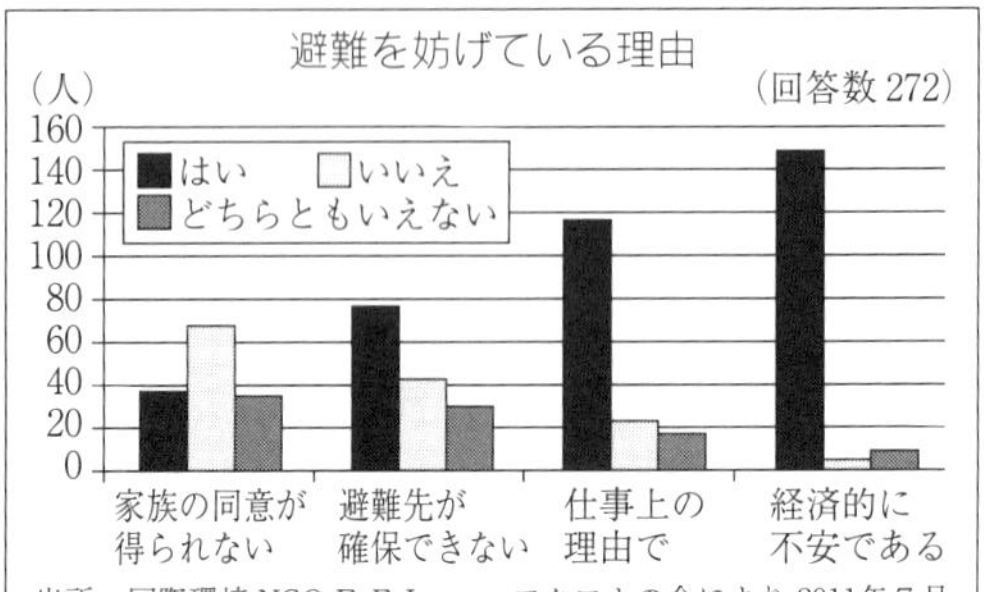

出所：国際環境 NGO FoE Japan、フクロウの会により 2011年７月25日実施。

避難したくてもできない、福島の実情

図１はＦｏＥ Ｊａｐａｎおよび「福島老朽原発を考える会」（フクロウの会）が実施したアンケート調査である。

多くの人々が避難を妨げている要因として、「経済的に不安」「仕事上の理由」をあげている。

同じアンケートの自由回答では、多くの人が、見えない放射能への恐怖とともに、二重生活による経済的な苦境や、避難先での生活に対する不安などを訴えている。

また、避難することがあたかも福島を見捨てることになるような罪悪感、さらには、放射能問題を周囲が真剣に考えておらず、その意識のギャップに対する苦悩などがうかびあがってきた。すなわち、被ばくの影響を避けるために「避難する」ことが社会的に認知されておらず、それが避難を妨げる要因の一つになっていることがうかがえる。

避難区域設定の問題点

現在の避難区域は年二〇ミリシーベルトを基準にして設定されている。二〇一一年七月の段階では、自主的避難の問題は、政府内に設けられた原子力損害賠償紛争審査会で議論すらされておらず、避難区域外からの避難に関しては、まったく賠償が認められていなかった。

表1　チェルノブイリ法による避難ゾーン設定

	セシウム137の土壌汚染濃度（kBq/m^2）	追加被ばく線量
特別規制ゾーン	1480以上	—
移住の義務ゾーン	555〜1480未満	年5ミリシーベルト以上
移住の権利ゾーン*	185〜555未満	年1〜5ミリシーベルト
モニタリングゾーン	37〜185未満	

注：＊「移住の権利ゾーン」の住民は、避難するか、とどまるかを選択することができた。避難する住民には、補償、移転先の住居、医療サポートが提供された。
出典：Vladimir P. MATSKO and Tetsuji IMANAKA, "Legislation and Research Activity in Belarus about the Radiological Consequences of the Chernobyl Accident", *Historical Review and Present Situation*, 1007.

◎避難区域（二〇一一年一二月現在）
・**警戒区域**　福島第一原発から半径二〇キロメートル圏内。
・**計画的避難区域**　事故発生から一年の期間内に積算線量が二〇ミリシーベルトに達するおそれのあるため、住民等に概ね別の場所に計画的に避難を求める。
・**特別避難勧奨地点**　年二〇ミリシーベルトを超えることが推定される地点。該当する住民に対して注意喚起、避難の支援や促進を行う。特に、妊婦や子供のいる家庭等の避難を促す。一律に避難を指示したり、産業活動を規制したりするようなことはない。

一方、チェルノブイリ原発の周辺国では、一九九一年以降、チェルノブイリ原発事故による避難基準について**表1**のように定められた。

日本の避難区域の設定と比較すると、線量基準が格段に厳しい。また、避難が義務づけられるゾーンに加え、それよりも緩やかに、住民が、避難するか、とどまるかを選択できる区域を設け、避難する住民にも、とどまる住民にもさまざまな支援が提供されたことが特徴である。

文科省前での抗議行動／2011年7月29日

日本では避難基準を年二〇ミリシーベルトとすることにより、一般の成人よりもはるかに高い感受性を有する妊婦、乳幼児、子どもに対して、年二〇ミリシーベルトの基準が同様に適用されてしまった。

私たちは、この二〇ミリシーベルト基準の問題のみならず、日本でも「避難の権利ゾーン」もしくは「選択的避難区域」が必要と訴え続けた。

福島の声をきけ！

「年二〇ミリシーベルト」は、計画的避難区域、特定避難勧奨地点などの避難区域設定の基準となっていた。避難区域外であっても、福島県内各地、とりわけ福島市、郡山市、伊達市、二本松市などでは、いまだに年推定で数ミリ～二〇ミリの高い線量を示している場所が多い。子どもたちを抱えたお父さん、お母さん方は、子どもたちを守るために、真剣に避難を考え、悩みぬいた末の決断を迫られた。しかし、区域外避難に関しては、当初は、賠償の議論の俎上にものぼっておらず、たくさんの方々が、経済的な理由から、あるいは仕事上の理由から避難をためらっていた。

この実情を踏まえ、「避難の権利」確立のため、ＦｏＥ　Ｊａｐａｎ、「福島老朽原発を考える会」（フクロウの会）などの市民団体は、避難区域外の住民や残らざるを得なかった人々への賠償を求める活動を開始した。

私たちは、原子力損害賠償紛争審査会に対して、「自主」避難された方々、福島にとどまらざるを得ない方々の声を運ぶことが重要だと考え、二〇一一年七月以来、多くの方々から「声」をお寄せいただき、文科省、審査会委員に伝える活動を行った。

また、何度も文科省前でアピール行動を行い、自主避難された方々に自らの置かれた状況について語っていただいた。

これら多くの「声」からは、福島の、そして避難した方の切実な状況が浮き彫りになってきた。その「声」の一部を以下に記す。

- 小さな山を一つ越えると、避難区域です。そんな場所に小さい子どもを住ませることはできません。親として子どもを守るのは当然です。
- 避難したくて、避難しているわけではありません。どれほど悩んで避難したか。また災害が起こる可能性、何かあったとき子どもを守れるかどうかなど、本当に悩みぬき避難しました。
- どうか私たち「自主避難者」と呼ばれる者が、断腸の思いで選んだやり方を、愛する人たちを守る正当な方法であることを理解してください。私たちは福島を捨てたのではありません。守るべき人を守りたいだけです。

正当な賠償を求める市民運動

「避難の権利」確立のための運動――これは避難者に正当な賠償を求める運動でもあった。二〇一一

表２　「避難の権利」確立に向けた市民団体の動き

７月14日	避難者・避難を考えている人の声を原子力損害賠償紛争審査会に提出
７月15日	原子力損害賠償紛争審査会の事務局との交渉――「自主避難者への賠償を」要請書を提出
７月25日	「避難の権利」アンケート結果発表（272人を対象）
７月29日	原子力損害賠償紛争審査会に対するアピール行動
７月～８月	「避難の権利」集会の開催（福島、郡山、小田原など）
→８月５日　第13回原子力損害賠償紛争審査会で、今後自主避難についても議論をしていくことが決定	
８月12日	東電に自主避難者、避難希望者の請求書を提出（411通）
９月26日	原子力損害賠償紛争審査会宛公開レター――避難者の声をきくように求める
９月28日～	原賠審／東電宛意見を募集し、提出
10月３日	区域外避難に賠償を求める院内集会／政府交渉――避難者を対象とした公聴会を求める→公聴会実現へ
10月18日	文科省および東電に要請書＋意見提出
→10月20日（第15回）原子力損害賠償紛争審査会――関係者からの意見聴取	
11月５日	避難の権利集会 in 東京
11月25日	文科省前アピール行動
11月29日	「避難の権利」アンケート（第２弾）発表（241人を対象）
12月５日	東電、文科省に要請書提出、自主避難者による記者会見
12月６日	文科省前アピール
→「自主的」避難等に関する賠償方針	

年七月の段階で、賠償に関する指針を策定していた原子力損害賠償紛争審査会（文科省に設置）では、避難区域外の避難者に対しての賠償に関しては話し合われてすらいなかった。

私たちは、審査会委員への手紙、意見書、自主的避難者へのアンケート、審査会が開かれる文科省前でのアピール行動、東京電力への要請行動、東電への請求書提出行動、審査会事務局との交渉、自主的避難者を招いての集会、署名運動など、考えられるありとあらゆる手段を使って、政府に、委員に、社会に訴え続けた。

この過程で、「自主的」避難者のみなさんが各地から参加してくれた。また、東電への賠償請求運動は、弁護士グループ「福島の子どもたちを守る法律家ネットワーク」（SAFLAN）と協力して行った。

紆余曲折があったものの、中間指針決定後も、自主的避難者への賠償が、審査会の継続課題となり、その後、私たちが強く要求した審査会での避難者を招いての公聴会が実現した。二〇一一年一二月六日の追補で、極めて限定的な内容であるが、「自主的」避難および在留者への賠償が正式に認められるにいたった。

原発事故の被災者生活支援の法制化の動き

原発事故被災者支援法（正式名称：東京電力原子力事故により被災した子どもをはじめとする住民等の生活を守り支えるための被災者の生活支援等に関する施策の推進に関する法律。以下、被災者支援法）が二〇一二年六月二一日、可決・成立した。

この法律は、長引く放射能汚染に苦しむ原発事故の被害者の置かれている状況を踏まえ、その支援・救済を目的とした法律である。放射線被ばくが科学的に解明されていないことを踏まえ、在留者、避難者双方に国の責任として支援を行うこと、特に子ども（胎児含む）の健康影響の未然防止、影響健康診断および医療費減免などが盛り込まれた。私たちが主張してきた「避難の権利」実現のための貴重な一歩となった。

「これまで原子力政策を推進してきたことに伴う社会的な責任を負っている」として国の責任を明記した上で（第三条）、一定の線量以上の地域を「支援対象地域」として指定し（第八条第一項）、そこで生活する被災者、そこから避難した被災者の双方に対する支援を規定した。

本法律は、すべての党を含む超党派の議員により提案された。理念法であるため、今後、対象地域の定義づけ、基本方針、政省令の策定、予算措置などが鍵となる。

政府は、支援対象地域の範囲や被災者生活支援計画などを含む「基本方針」を定めることとなっている。この過程で、支援対象地域が狭いものにならないように、また、被災者の支援がきちんと行われるように、市民からの監視の目が必要だ。

七月一〇日、本法律に被災者や市民団体の声を反映させていくことをめざし、「原発事故子ども・被災者支援法市民会議」が設立された。法律の制定にかかわってきた「福島の子どもたちを守る法律家ネットワーク」およびＦｏＥ Ｊａｐａｎが事務局をつとめることとなった。

四　「渡利の子どもたちを守れ！」——避難問題の最前線の状況

「年二〇ミリシーベルト」を避難基準として運用する国に対して、私たちは、幅広く「選択的避難区域」を設定し、住民が避難するかとどまるか選択できる区域を求めてきた。しかし、国は頑強に態度を変えず、そのために問題が生じてきている。

面的に広がる高い放射線量

福島市渡利地区は、原発から約六〇キロメートル、福島駅の南東を流れる阿武隈川の対岸に広がる住宅街で、川と山林に挟まれた平地に、六七〇〇世帯、一万六〇〇〇人が暮らしている。県庁のある中心部まで橋を渡って歩いていける距離にある。

渡利地区では早い段階から放射能汚染の深刻さが明らかになっていた。二〇一一年六月には、福島市の測定で、平ヶ森、大豆塚などで、毎時三・二〜三・八マイクロシーベルトを観測した。六月三〇日に、私たちが実施した政府交渉において、市民団体側は、この問題を指摘。「渡利地区を、特定避難勧奨地域〟に即刻指定すべき。少なくとも住民に対する説明会を実施すべき」と要求した。しかし、政府はこの要求に対して、「モニタリングを強化する」とのみ回答した。

同年七月上旬に文科省が実施した走行車両による空間線量の測定でも、渡利地区に高線量の地域が面的に広がっていることがわかった。七月一九日に福島で実施された政府交渉では、市民団体側は再びこの問題を指摘。渡利の人々がリスクを正しく理解したうえで、自らの判断で避難できるように説明会を開催すること、また、避難に対する賠償がきちんと支払われるべきであることを主張した。しかし、政府側はまたしてもこの要求を無視した。

効果を発揮しない除染

二〇一一年七月二四日には、福島市は除染モデル事業を実施。小学校の通学路などを、市民を動員して除染した。しかし、福島市が公表した測定結果によると、線量が低減した箇所もあったが、逆に増加した箇所もあり、除染後も毎時二・〇マイクロシーベルト前後の高い値がみられ、除染による空間線量の減少率は、除染直後に行われた福島市の計測ですら、三割弱にとどまった。

除染がなかなか効果を発揮しないことは、渡利の地理的な特色にも原因がある。後背地に山があり、雨が降るたびに放射性物質を含んだ土砂が流れ込むのだ。場所によっては、放射性物質が濃縮されていくことが、私たちの調査によっても確認された。

八月の下旬になって、国はようやく、渡利・小倉寺を特定避難勧奨地点に指定するか否かを決めるため、詳細調査を実施した。しかし、この詳細調査は、あらかじめ国が「線量が高い」と判断した一部の地域を対象としただけであり、渡利地区の一〇分の一ほどの世帯しかカバーしていなかった。

市民団体による調査

九月に入って、「福島老朽原発を考える会」（フクロウの会）およびＦｏＥ Ｊａｐａｎは、渡利の住民を対象に、渡利の放射能汚染の実態や国の避難政策の問題点、低線量被ばくや内部被ばくについて連続勉強会を開催。のべ三一〇名もの住民が参加し、活発な議論が行われた。この勉強会を通じて、渡利の住民たちの多くが、高い線量に日々不安を抱えながら、仕事や家庭の事情などから避難できずにいること、政府の避難勧告や賠償の保証さえあれば避難に踏み切れたであろう人が多くいるという実態があきらかになってきた。

九月一四日、私たちは、神戸大学の山内知也教授に依頼し、渡利における空間線量および土壌汚染調査を実施した。その結果、空間線量が依然として高い水準にあることのみならず、深刻な土壌汚染の実態（最高で薬師町の三〇万ベクレル／kg以上〔一平方メートル当たりの換算で六一五一キロベクレル〕、五カ所中四カ所〔図3参照〕でチェルノブイリの特別規制ゾーンに相当）が明らかになった。

図２　渡利における空間線量調査結果（2011年９月14日）

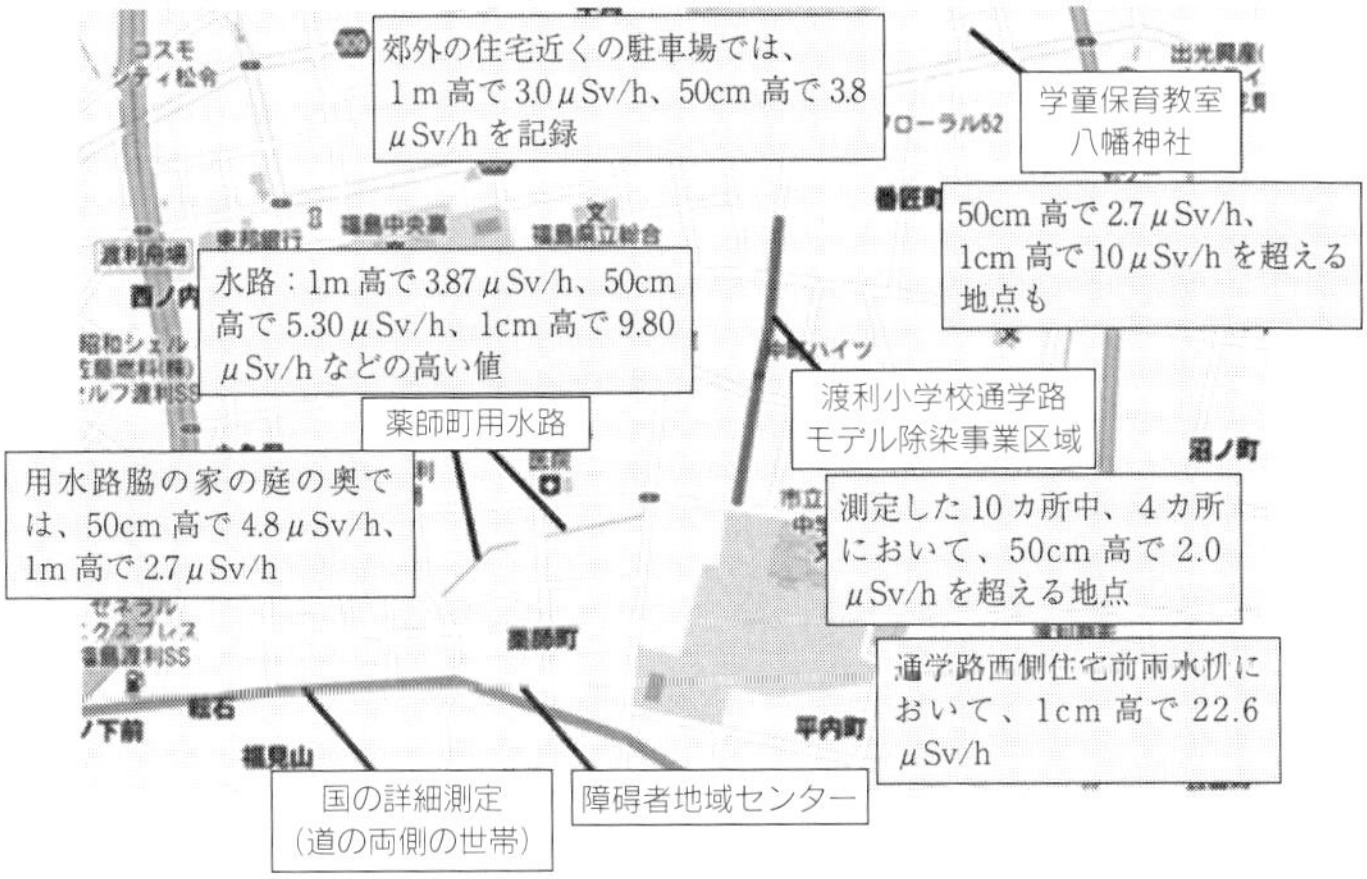

注：μSv/h＝マイクロシーベルト／毎時
出所：９月14日調査（FoE Japan およびフクロウの会が山内知也・神戸大学教授に依頼）

図３　渡利における土壌汚染調査結果（2011年９月14日）

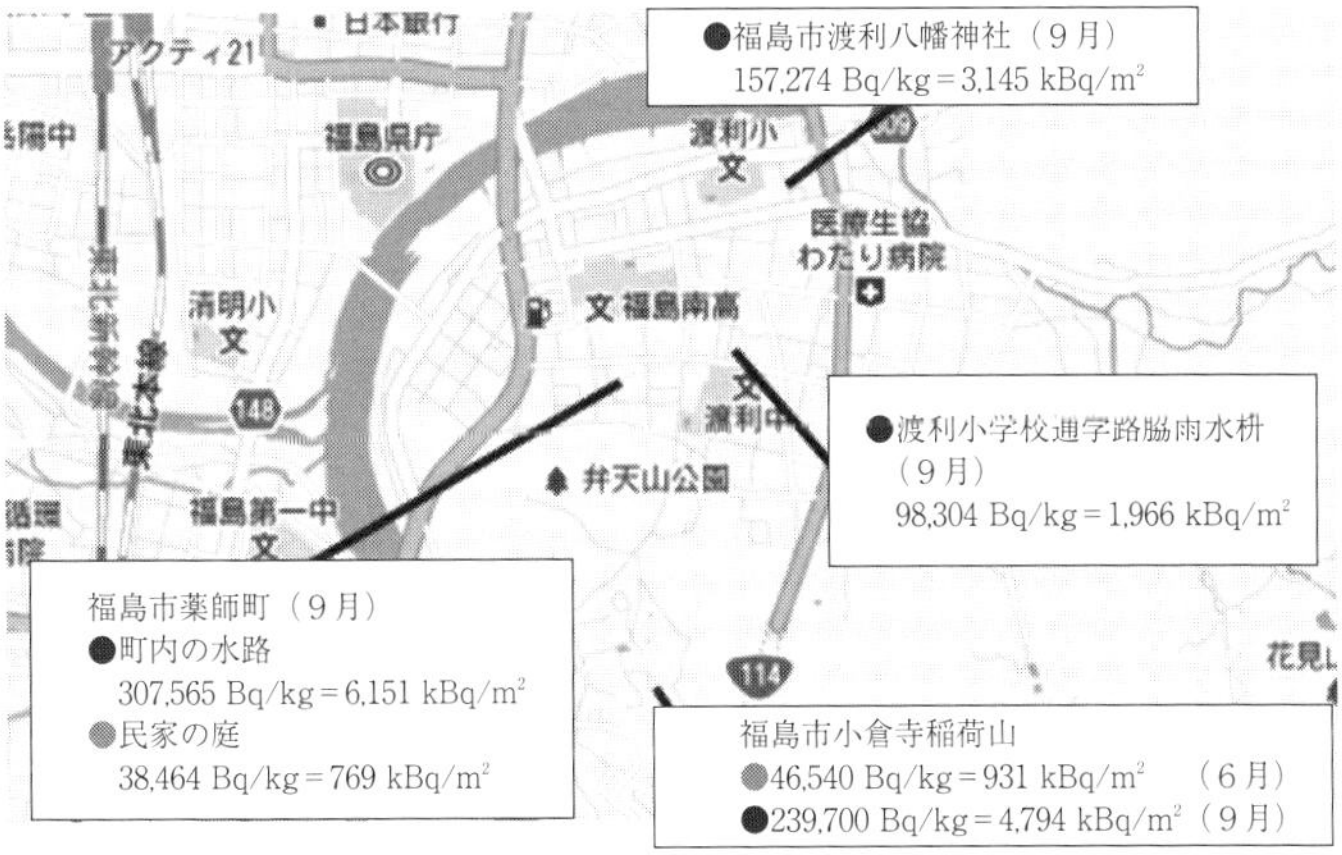

チェルノブイリ法による避難ゾーンの設定（本書表１参照）
　：避難の権利ゾーン：185～555kBq/m² 未満
●：避難の義務ゾーン：555～1480kBq/m² 未満
●：特別規制ゾーン：1480kBq/m² 以上

出所：図２と同じ。

立ち上がった住民たち

私たちは、このような状況に危機感を感じ、勉強会を通じて出会った渡利の市民団体「渡利の子どもたちを守る会」（Save Watari Kids）および多くの渡利の住民たちとともに、一〇月五日に国の現地対策本部および市に対して、①渡利地区を特定避難勧奨「地域」に指定（世帯ごとの指定ではなく、地区全体を指定）、②子ども・妊婦のいる世帯には厳しい避難基準の適用――などを求める要望書を提出した。

一〇月八日、原発事故から七カ月も経って、ようやく国と市は、渡利・小倉寺地区を対象とした住民説明会を実施した。しかし、この場には、上記の詳細調査の対象となった一〇分の一ほどの世帯にしか通知が行かなかった。

冒頭、国と市は、詳細調査の結果を発表し、国が定めた「年二〇ミリシーベルト」基準に該当する毎時三マイクロシーベルトを超える世帯が二世帯あったが、同世帯が避難を希望しなかったため、特定避難勧奨地点指定は見送ったこと、そのほかの世帯は毎時三マイクロシーベルトを下回ったため、特定避難勧奨地点には指定しないこと、渡利地区において、除染を優先的に実施すると述べた。

これに反発し、出席した住民たちからは、次から次に抗議の声があがった。

「詳細調査は、一部地域のみ。全世帯を調べてほしい。」

「南相馬市では、子どもや妊婦のいる世帯は、二・〇マイクロシーベルト／時以上であれば、特定避難勧奨地点に指定している。なぜ、福島市では指定をしないのか？」

「二〇マイクロシーベルト／時以上で、線量計が振り切れる箇所があちこちにある。」

「除染はいつになったらできるのか。」

「除染が済むまでの間、子どもたちを一時的に避難させてほしい。」

「避難したい世帯は避難し、避難費用は賠償するべき。残る人は残る人で高い線量にさらされることに対する補償をするといった措置をとってほしい。」

「特定避難勧奨に関して、「地区」指定を行ってほしい。」

「全世帯むけの説明会を、再度開催してほしい。」

あとから、渡利に住む方が、「おとなしい福島の住民たちがあれだけ怒ったのにはびっくりした」と言っていたほどだった。

渡利地区における住民説明会／2011年10月8日

しかし、国および市は、この住民たちの要請や疑問に明確に答えることはなかった。

説明会は五時間にも及び時間切れで幕を閉じた。

私たちは、「渡利の子どもたちを守る会」および主だった渡利の住民の方々と協議し、直接、国に対して交渉を行うこととした。

一〇月二八日に、渡利の住民たちが、東京に来て、参議院議員会館において、国の原子力災害対策本部や文科省、原子力安全委員会と直接交渉を行った。このときは、渡利住民を支援する市民たちも含め、三〇〇人もの参加者が交渉に参加し、「子ども・妊婦の避難だけでも促進すべき」と訴えた。

政府側は、「誠意をもって検討する」と答えたものの、結局のところ、住民の要求に答えることはしなかった。

一二月七日には、渡利在住で、かねてから自宅や庭の放射線量が高く、ご自宅には、四歳と小学校四年生の女の子がいる家の祖父が、福島の現地対策本部と市に乗り込んで行って、地域一帯を避難地区に指定すること、子ども・妊婦の避難をさせること、近くの水路にふたをすることなどを要請した。このご自宅では、市の測定で一メートル高で毎時二・九五マイクロシーベルト、五〇センチメートル高で毎時五・四五マイクロシーベルトを記録していた。

この必死の訴えに対してすら、現在に至るまで、国も市も回答を示していない。

「わたり土湯ぽかぽかプロジェクト」

国や市は、「徹底的に除染を行う」としている。しかし、除染しても山から土や水が流れ込む渡利の地形的な特質から、除染の効果は限定的だ。何よりも除染がいつから開始できるのか、どの程度時間がかかるのか、まったく説明がされなかった。二〇一一年三月時点で渡利の六七〇〇世帯のうち、除染が完了したのは七軒だけだった。

除染を言い訳に、子どもも妊婦も高い線量に縛り付けるような国の政策は、人道上の罪といっても過言ではないだろう。

「わたり土湯ぽかぽかプロジェクト」は、そんな渡利の状況を踏まえて発足した。渡利の子どもたちを守る会（Save Watari Kids）、子どもたちを放射能から守る福島ネットワーク、福島老朽原発を考える会（フクロウの会）、ＦｏＥ Ｊａｐａｎの四団体で運営されている。この四団体が活動を行ってきた渡利を中心に、大波・南向台・小倉寺も対象にした。さまざまな理由で渡利に生活の基盤を置かざるを得ない家族の子どもでも被ばく量をなるべく下げるために、近隣の線量が低い土湯温泉に、子どもたちの週末保養を実現させるというものである。

しかし、民間の限定的な保養プログラムでは問題の解決にはならない。現在の国の避難政策の見直し、また、とどまらざるを得ない住民たちのために、行政が主体となって、保養プログラムの提供や健康管理、健康保障を行っていくことが求められている。

五　原発輸出――ベトナムで見たものとは

原発輸出も含む原発政策の見直しを考えていたらしき菅直人首相とは違い、野田佳彦首相は、実質的には原発輸出政策を維持・推進した。二〇一一年一〇月三一日にはベトナムのズン首相と会談し、原発輸出にあたっての協力方針を伝えた。

ちょうどこのころ、経済産業省前のテント村で、「原発いらない全国の女たち」の座り込みが行われていたこともあり、FoE Japanの呼びかけに呼応する形で、「全国の女たち」による原発輸出反対のアピール行動が、官邸前で行われた。

現在、経産省の予算で、日本原了力発電が二〇億円をかけて実施可能性調査を実施中だ。

二〇一一年一一月上旬に、私は現地情報を得るために、ベトナムを訪問。ニントゥアン省の原発建設予定地を訪れた。

「いまの生活は安定している。本音では移転したくないが、国家事業だから仕方がない」と語ってくれたのは、二〇年前からこの地に移り住んで農業を営んでいる四〇代の男性。福島の原発事故については、どのように考えているのか。

「もう収束しているときいている。最近は報道も見ない。」

ベトナム・ニントゥアン省における原発建設予定地周辺風景。魚を干す女性たち／2011年11月

「原発事故は正直怖いよ。原発事故が起こったら漁ができなくなって乞食になるしかないかもね」と別の男性は半ば冗談めかして答えた。漁業を営む彼は、船の修理に余念がない。「移転後も、できれば漁業を続けたいが、どうなるかはわからないね。」

住民の関心は、原発事業そのものというよりも、移転の際の補償や、移転先の土地に集中している。事業計画の詳細を訊いてもわからない。福島原発事故については、事故が起こった事実は知っていても、多くの日本人が避難を余儀なくされていること、放射能汚染の実態などについてはそもそも報道されていない。

「国家として決めたことは、住民が反対しても仕方がない。それがわかっているから、事業の詳細を知りたいとも思わないんでしょう」と案内を務めてくれたベトナム人は解説する。「私たちは心の中では原発事故を恐れていますが、それがきちんと議論されていない状況です。」

福島原発事故が起きたその年、多くの人々が被ばくの不安と恐怖に苦しめられている只中の二〇一一年一二月九日、第一七九回国会で、ベトナム、ヨルダン、ロシア、韓国との原子力協定が承認され、原発輸出に向けた一歩が踏み出された。原発輸出の是非に関する議論は尽くされないままだ。NGO側はこの原子力協定批准阻止に向け総力を結集し、多くの市民が国会議員に賛成票を投じないように呼びかけたが、及ばなかった。これが日本の現実だ。

以上、三・一一後、一年あまりのFoE Japanの活動を紹介した。

「二〇ミリシーベルト撤回運動」、そして「避難の権利」確立のための運動で、不十分ながらも一定の成果を上げることができた。

もちろん、これらの成果はFoE Japanが単独でかちとったわけではなく、多くの市民団体の方々、一緒に声をあげてくださった多くの市民の方々のおかげである。

FoE Japanはこれらの運動で下記のような役割を担ったと考えている。

- 福島の父母たちの声を「可視化」し、日本政府や原子力損害賠償紛争審査会、マスコミなどに伝え続けたこと。
- 一連の集会・政府交渉・抗議行動を設定し、準備し、コーディネートしたこと。常にこれらのアクションに参加し続けたこと。結果を文書化し、発信したこと。
- 国会議員への働きかけを行ったこと。

　一方で、渡利を避難地域に指定するための活動や原子力協定を阻止するための運動は、多くの方々の共感を得て世論をもりあげることはできたが、成果を上げるには至らなかった。渡利に関しては、現在に至るまで子どもたちが被ばくの脅威にさらされていると思うと、いても立ってもいられない気持ちとなる。

六　何を得たか、発見と出会い――日本の市民運動の担い手たち

　福島支援、二〇ミリシーベルト撤回運動、被ばく最小化、賠償問題、再稼働問題など、この一年、わき目もふらずに活動を継続してきた。いままで取り組んできた途上国の環境問題などの領域も、相変わらず大きな問題が続いているのだが、重要だと思いつつも、心の中で詫びながら、自分の専門領域を捨て、すべてを福島と原発問題につぎ込んだと言っても過言ではない。

　その結果、得たものも大きい。なによりも日本国内の市民運動の担い手たちとの出会いだろう。

　私たちは、「政策提言型ＮＧＯ」を標榜してきた。きわめて限定された分野ではあるが、政府や政府系機関に対する働きかけを行い、政府系の委員会などにも入り、一定の成果を上げてきた。その領域においての専門性や戦略性も高かったと思う。しかし、振り返るに、日本の市民運動から、乖離していたこともまた事実だ。

　そうした私たちにとって、政府交渉を繰り返し、福島に通う中で出会った人々、緊迫した情勢の中で、動かない政府を動かそうと共にたたかった人々との出会いは、なんと貴重だったことか。

　彼らはいままで、地道に長いこと、報われることが少ない中でもめげることなく活動を続け、着実に

成果を積み上げてきた。また、電力会社や政府に対抗できる高い専門知識を蓄積してきた。

この一年を振り返ってみても、これらの市民団体が、すべての政府交渉で、周到に準備をかさね、文部科学省や原子力安全保安院、安全委員会側が反論できないほどの、知識と論理で政府を追い詰めたのを私は何度も目撃した。たとえば、大阪に拠点のある「美浜の会」の小山英之さんは、高い専門性を有し、私たちの活動の智慧袋だった。同じく「美浜の会」の島田清子さんは、鋭い舌鋒と論理力で、政府の矛盾をつき、あぶりだした。東京拠点の「福島老朽原発を考える会」（フクロウの会）の阪上武さんは、調整能力が高く、常に言語明晰で冷静沈着、父母たちの相談に丁寧に応じ、住民運動の支えとなってきた。京都の「グリーン・アクション」のアイリーン・スミスさんは、反原発運動のシンボルでもあり、高い感性と心のやさしさで、私たちのまとめ役になってくれた。そして、集会や政府交渉に参加してくれた、多くの心熱き市民活動家たち。

いままで福島原発事故規模の原発事故が起こらないで済んできたのは、ずっと原子力ムラとたたかってきた彼らの功績が大きいだろう。彼らの厳しい監視の目と、時には裁判も辞さずにたたかう徹底した姿勢が、一定の牽制機能をはたしてきたのではないかと考える。

彼らの運動をマスコミが報じることはめったにない。いわゆる「専門家」「有識者」と同等、場合によってそれ以上の知識と見識をもった彼らの発言は、一介の市民運動家であるというだけで、マスコミは取り上げない。マスコミは、ステレオタイプ化された、わかりやすい単純な意見であれば、「市民の声」として取り上げるが、複雑な政治的な内容に一歩踏み込んだとたん、専門性を帯びたとたん、それを取り上げない。

マスコミは泣いているお母さんの「画」は流す（それは重要だ）。しかし、怒り立ち上がった市民たち、論理的に政府に対峙する市民活動家の「画」は流さない。原発に関してはなおさらだ。

しかし、彼らは、何ら気にすることなく、淡々と、一介の市民運動の担い手として活動し続ける。そして大きな成果を上げる。

その意味で、私は、心から彼らを尊敬するし、その功績を社会に認めてもらいたいと思っている。

おわりに

ＦｏＥ Ｊａｐａｎが原発・エネルギー問題の分野で今後に何をめざしていくか。いま、私たちは必死にその道を模索しているところだ。

まずは、この原発事故によって被害を受けた方々、苦しんでいる方々の救済は引き続き重要だ。弁護士のグループとともに、こうした方々を支える活動、また原発被災者の支援のための法的枠組みを構築していく作業は必要となってくるだろう。

また、今後、放射線による被ばくがどのように健康に影響を及ぼしていくのか、私たちは予見できない事態を迎えようとしている。小児の甲状腺異常などの疾病以外の放射線影響は、なかなか顕在化しづらい。一見、体が弱く病気がちの子どもが増えた、集中力がなくなった、心臓の疾患が増えたなどの、一般的な現象としてしか現れてこない可能性もある。こうした中、専門家と連携しながら、状況を正しく判断しつつ、息の長い活動が必要になってくる。水俣で生じたような事実の隠ぺいや被害者の差別や分断などを決して許してはなるまい。

さらに、脱原発を進めていくために、各地の市民運動と連携しながら、政府への働きかけを続けなければならないだろう。従来まで運動を担っていた比較的年齢の高い古強者たちの精神に学びつつも、若者たちもついてこれるような柔軟さと明るさが必要となってくるかもしれない。

そして、真の意味でのエネルギーシフトを進めていくためには、電力の自由化や東電問題など制度的・経済的な問題にも踏み込んだ、政策提言が必要になってくるだろう。エネルギー分野には、多くの専門性の高い環境ＮＧＯや専門家がすでに活動を行っているが、議論の裾野が広がり、社会を変えていくような運動にしていく努力が必要に思う。国際的なネットワークもうまく使いつつ、地に足のついたＮＧＯとしての活動が求められている。

参考文献

国際環境ＮＧＯ ＦＯＥ Ｊａｐａｎ、福島老朽原発を考える会編『福島第一原発事故に際して：「避難の権利」確立のために―自主的避難の賠償問題と避難問題の最前線』http://www.foejapan.org/climate/library/book_hinankenri.html

ＦｏＥ Ｊａｐａｎなどによる「区域外避難（自主的避難）に関するアンケート結果（概要）」二〇一一年一一月二九日公表。

6 自分の生き方の問題

原田麻以
（明治学院大学国際平和研究所研究員／
ＮＰＯ法人インフォメーションセンター）

東北に移り住み福島に関わりはじめてから八カ月が経った。

東北に移り住むまえに、わたしが関わっていた現場は、大阪市西成区にある日雇労働者のまち、通称「釜ヶ崎」。

釜ヶ崎は高度経済成長期に全国から土木建築・港湾労働などを行う日雇労働者が寄せ集められ、現在の日本の発展を底辺で支え続けたまちだ。現在でも多くの人から「危険だから行ってはいけないところ」と言われている。その要因のひとつに、メディアの存在がある。テレビ、新聞などのメディアが、当時労働者をマイナスイメージに偏ったかたちで取り上げ続けたのだ。多くの人は釜ヶ崎のすぐそばにある、通天閣や動物園を目指して流れて行き、釜ヶ崎には足を踏み入れない。現在は労働者の高齢化が急速に進んでいること、急激な経済状況の変動のなかで仕事を失う人が多く、労働者の数は激減している。簡易宿泊所（通称ドヤ）の多くが生活保護受給者のための福祉マンションになっている。

そんなまちで、カフェとメディアセンターを運営するアートNPO「こえとことばとこころの部屋」（通称ココルーム）。今から三年前、この「ココルーム」に出会いここで働きながら勉強がしたいと強く思い、代表に手紙を書いてスタッフになった。「ココルーム」では、商店街に面したちいさなオープンスペースで、多岐にわたる活動に関わらせていただいてきた。日常的に表現活動を中心としたちいさな会を催し、さまざまな人がつながりを編み直してゆく場をつくる努力をしてきた。毎日シャッターを開けていると、道行く人がぽつぽつと悩みを語り出す。まちの性格上、深刻な問題も多かったが、わたしたちはアートを専門とするNPOである。問題を解決できるような専門性は持ち合わせていず、できるかぎり丁寧に話を聞き、他の機関や専門家に話をつなぐ。そこから解決までの道のりを、伴走し、いっしょに笑える時間をもつ。力不足でろくなサポートができないケースもたくさんあった。

けれど、あつまってくる人は、問題解決の具体的な手立てを見つけたいのと同時に、自分の身体とこころの置き所をさがしていて、そんな場所を見つけるまでの伴奏者があること、そんな場所をいっしょにつくること、それ自体が問題解決と同様に重要であることに気がついた。他でもない、わたしも

NPO法人ココルームが釜ヶ崎にて運営する「カマン！メディアセンター」

そんな場所を探しながら生きる当事者である。

福島へ——見えない、感じない放射能

社会問題の「切っ先」を象徴するような釜ヶ崎で活動している中で、震災は起きた。今度は大きなひずみを福島が引き受けたかたちになったと感じた。

二〇一一年六月、知人が宮城県の避難所でボランティアをしており、その手伝いをするため一週間ほど東北を訪れた。宮城まで行くのならば必ず福島に行きたいと考え、知人の紹介をつないでさまざまな現場でお話を伺った。そのときには、三日程度の滞在であれば問題ないだろうと、マスクも、これといった放射能対策もせずに過ごした。福島入りしてすぐにのどの異変を感じ、帰宅してからも今までに感じたことのない体調の変化を感じた。気にしすぎなのでは？と言われるが、当時のわたしはマスクもしていない「気にしていない人」だった。それでも、見逃せない体調の変化を感じることになる。大きく動揺した。この場所に、なにもなかったようにたくさんの人が暮らし、生きている。これから、大変なことが起こるのではないか。不安と焦りが体を覆い、線量の高い地域にいる人には、できるだけはやく、線量の低い場所へ行ってほしいと願った。

「福島」で見えたもの、「釜ヶ崎」で見てきたもの

釜ヶ崎でも経験していたことだが、当初福島では情報が大きく偏っていた。六月、福島滞在の際、川俣町にて役場主催の放射線医学総合研究所による「放射線の健康影響」というタイトルの講演会が行われていたので参加した。配布された資料はその内容が正しいか正しくないか以前に、「資料」として大

変粗末なものだった。話された内容や説明されたことについては、それがたとえ科学的に落ち度のないものであっても不安の中で生きる人の声を聴く姿勢、寄り添う態度は感じられなかった。中学生の子どもをもつお母さんからの「子どもが体育のときに、校庭の土の上に座っているが大丈夫なのか」という質問に「専門家に聞いてください」という返事が専門家と呼ばれる人から返ってきた。市民の質問が不安の声を伝えようとするとマイクの音が突然切られ、最後に手を挙げ、「まだ質問がある」と大きな声で伝えた若者の声は無視され、そのまま講演は終わった。

釜ヶ崎でも、そこで暮らす人の声は大きなものの下で無視され、無いものにされてきた。釜ヶ崎以外で、このような場面に対面し、なすすべもなく会が終了していったことに、居ても立ってもいられない気持ちになった。

川俣町中央公民館ホールにて行われた「放射線の健康影響」の講演会。講師＝米原英典氏（独立行政法人放射線医学総合研究所）／2011年6月12日

支援の充実した宮城県を肌で感じてきた後の、福島県の動かない状況。中心的な活動をする支援組織や市民団体も非常に少なかった。震災後に立ち上がった当事者組織は自分たちの問題も大量に抱えながら活動しているので動きのスピードも遅く、それぞれに大変な状況にあった。県外の支援団体は、放射能の影響を考慮すると福島県内になかなかスタッフを派遣できない。県外からの人的支援は本当にごくわずかだったと感じている。

なぜこれだけのことが起こって、福島が「静か」なのか。県内の状況が県外から「見えない」のか。大阪で悶々とする時間が続いていたが、このときはじめて「見えない福島」にすこしだけ出会った気がした。

釜ヶ崎も、人の出入りが非常に限られている地域構造のため情報の行き来が少なく、現場で何が起っているのかは地域外の人には特にわかりにくい。釜ヶ崎は「透明な壁に囲まれた地域」と言われていたが、福島も放射能によって見えない壁ができ、多くの人が怖くて近づくことができなかった。情報は偏り、最もつながるべき時期に市民は分断された。ふたつの地域で起こった状況に多くの共通点を感じた。当時は、このタイミングで自分が福島に出会ったことに何かの必然があるのだろうと感じていたし、また、何よりその状況を放っておくことができず、その後も七月に一度、八月に一度、福島へ通った。

そして九月、大阪から東北へ移り現在に至る。

釜ヶ崎から福島へ、東北移住から現在まで

大阪から福島に通っていたころは、健康上のリスクを考えると自分が福島に行くことはむずかしいのではないかと感じ、福島に頻繁に入るやり方でない、別のかたちのサポートを模索した。

しかし、悩んだ末、東北へ移住し福島の現場に足をつけて活動することを決めた。ひばくリスクを軽減するために、住居は仙台にもちそこから一時間以上かけて福島に通った。

移住後の九月当初は、福島市内を中心に活動する子どもと放射能に関わる組織（子どもたちを放射能から守る福島ネットワーク（本書1章参照））のお手伝いに入った。震災後の混乱期の中、福島で子どもをもつ親御さんが中心になり手弁当で立ち上げた組織であり、体制は厳しい状況だった。当初、福島県内で他に大きく放射能の問題に関わる組織と出会えなかったことから、この組織のサポートが問題を改善するためには急務であると感じた。また、県外からやってきたひとりの若者にできることはごく限ら

れているから、組織との関わりを通して、そこに出入りする人と出会いながら状況を把握し何ができるのか、何ができないのかを模索したかった。しかし、現場では、この状況に悩んだり、不安をかかえたりしている一般市民の姿よりも、他地域からの取材の人の姿のほうが多かった。話を聞くと、わたしが東北に移住した九月の時点では、放射能の問題に意識があり不安を感じ、避難ができる状況にあった人のうちの多くが線量の低い地域に避難していたそうで、不安を感じる人がそうした場所を訪れることは減っていた。また、つながる場があることを知る人が少なかったり、つながり合えるような場の整備自体が追い付いていない状況もあった。線量の高い地域に暮らしている人の多くは、意識があってもさまざまな事情から避難できず、できることをしながら暮らしている人、あるいは情報の偏りから、不安だがどうすればいいかわからない人、またその危険性をあまり知らない人などであった。後者のような層の人に情報を届けることがむずかしく、なかなか出会うこともできなかった。

さまざまな層の人と、どうしたら出会いつながることができるか。無理にではなく、一人ひとりのタイミングで、関わりのとっかかりを見つけられるような場面が増えればと感じ、さまざまな問題意識や不安をもつ人が気軽につどい、話ができるような場を定期的に設けたいと感じた。ネットワークで出会った、もともとおしゃべりの場づくりの活動をしていたおかあさんに協力いただき「ふくしまのいどばたから」という企画を立ち上げた。

時間とともに

原子力発電や放射能のことについて、特にくわしかったわけではないわたしを含めた多くの方が、事件当初、氾濫する情報からどの情報を信じどう解釈すればいいかを考えたのではないだろうか。放射能についてどの情報がどう正しいのか、原発はどうなっているのか、今自分がいる場所、食べているものは大丈夫なのか、放射能を浴びないためにはどうすればいいのか、どうすればいのちを守ることができるのか。たくさんのことを考えたがその「わからなさ」に混乱し続けた。そして、高線量の地域にいる方には一刻もはやく線量の低い場所へ移動してもらわなければと思い、政府や東京電力がそれを保障することが必要だと感じていた。しかし、対応は非常に遅く、焦りや苛立ちが募る日々だった。何もできない自分にも腹が立った。それから、時間は経ち、福島に長時間身を置き、さまざまな方と話をしたことで、怒りや苛立ちだけでは前にすすめないことがわかってきた。

線量の高い地域であっても個人レベルでの移動は容易ではないこと、多くの人が線量の高い地域にとどまりながら、それぞれに考えながら暮らしていくことになること、その一人ひとりの選択自体を良い悪いで線引きしたりすることはできないということを思うようになった。もちろん、今回のことは不慮の事故ではなく事件であり、東京電力や政府との対話も続ける必要があり、一人ひとりの選択を支えるだけの情報が市民の手に届くことが重要である。けれど、状況の急速な改善が見込まれない中で、それでも高線量の地域で一人ひとりの人生は続いていく。ならばできるかぎり、その人がその人の人生を、これから先も含め勇気をもって生きることができるよう、ともに考えつづけることが大切だと感じるようになった。混乱と焦りと怒りと苛立ちの中から、出会いと対話と時間を経て徐々に落ち着いて思考できるようになっていった。

生き方の問題

最近、お世話になっている福島市に住む主婦の方から福島のあるニュース番組を焼いたＤＶＤをいただいた。その中で、避難を決められたお母さんが「放射能の問題というよりは、生き方の問題だと思っている」と話をした。

わたしも、最近そんな気がしている。世界は、どこにいてもわからないことだらけだ。放射能は見えないから、どこに身をおいても、もしかしたら「すぐそこ」にあるかもしれない。放射能がなくても、農薬や化学物質、添加物、汚染物質などわたしたちのまわりには溢れていて、個々のいのちがそれらにどう関わっているのか、詳しいことはわからない。自然破壊の中で、今世界がどうなっているのか、戦争兵器がどんなものか、詳しいことはわからない。そのすべてを知り尽くしている人はいるのだろうか。

震災から一年以上がたち、悩み、もがきながら暮らしてきたが、わたしをふくめ、先のニュース番組のお母さんにせよ、悩みや迷いの中から「自分の生き方の問題」ととらえながら、社会と関わる人がすこしずつ増えてきているように感じている。

他者の人生でなく自分の人生を生きる——場と出会いとまなびと

先日、福島市にある、市民放射能測定所で測定のお手伝いをしていた、お子さんをお持ちのお母さんSさんが、福島からの移住を決意された。送別会の際、Sさんは「［震災以降の］福島に一年間いてよかった。生まれてから今までで一番勉強をした一年で、たくさんのことを学びました。たくさんの方にも出会いました。ありがとうございます」とおっしゃっていた。もちろんこれは、手放しでよかったということではなく、子どもたちを一年間ひばくさせてしまったことを悔み、悩みながら、自分の人生を自分で選んだSさんのことばであり、そのつよく凛とした表情をわたしは忘れられない。

たどりついた、一人ひとりがどう生きるかの問題。けれど、人はそんなに強くはなく、なかなか自分

いどばた会「ふくしまのいどばたから」のミーティング。右から、安齋徹さん、中野瑞枝さん、筆者。撮影は、この会を支えてくれている写真家の新井卓さん。

の人生を自分であるくことは難しい。Sさんも、さまざまな人との出会いと、支えの中で選択に広がりが生まれたのだと思う。そして、その出会いやまなぶ場があったからこその先程のことばだ。自分の人生をえらびとるための知恵や出会いをどうもつか、良い師匠や相談相手やなかまとどこで出会うか、どこでまなぶことができるか。個人が出会いやまなびを摑む能力の問題だけでなく、まなびや出会いのきっかけになる場自体がすくないことが、さまざまな問題を生んでいるのではないかと感じている。そういう場が福島に、世界にもっとあればと思い、ちいさないどばた会を考えた。今、福島の方にご迷惑をかけながら、今後の会の運営をおねがいしているところだ。

　出会いやまなびの場があり、一人ひとりが、自分の人生を自分で歩き出した時に世界や社会はすこしずつ変わっていくのかもしれず、そうであれば、まずは自分が変わっていきたいと思い、つい最近、しばらく福島を離れることを決めた。

　いつの間にか、どこか自分の人生を他者のせいにして生きてしまっていたわたし自身の選択だ。「今、福島を離れるなんてとてもできない。みんなに迷惑をかけてしまう」と思い、何度も福島を離れる判断をやめてきたが、決断して、離れるということをみなさんに伝えたところ、すんなり「それがいいと思う」という返事が返ってきた。当然、「そんなことを急に言われても困る」という返事が返ってくると思っていたので拍子抜けをした。お世話になってきた人ほど、福島を離れ、別の道を選ぶことに賛成の返事が返ってきてあっけにとられた。その理由はみなさん一様に「あなたのからだが心配だから」ということだった。

情けないけれど、今一度自分と向き合い、だれも代わることのできない自分の人生をあるきたいと思う。

（本稿は筆者が「ＮＰＯ法人こえとことばとこころの部屋」に所属していた時点で執筆したものである）

7 南相馬での災害FM支援を通して
――活動におけるコミュニティへの展開と葛藤

谷山博史
（日本国際ボランティアセンター代表理事）
谷山由子
（日本国際ボランティアセンター震災支援担当／アフガニスタン事業担当兼任）

はじめに

本章は二〇一二年四月、東日本大震災と福島第一原子力発電所の事故から一年余りが経過したことを契機に、私たち日本国際ボランティアセンター（ＪＶＣ）の福島との関わりを振り返りながら、南相馬市で展開された取り組みを中心にまとめたものである。

いま手元に、南相馬の和歌の同人誌『アンダンテ』がある。「避難車のヘッドライトが流れをり今夜はいづこに辿りつくのか」（南相馬　根本定子）。原発事故直後の避難の様子をうたった歌である。二〇一一年の三月、震災後の一週間、報道では三陸沿岸の津波被害のすさまじさや原発事故に対する政府の対応ばかりに焦点が当たり、福島で何が起こっているのかほとんど報道されていなかった。しかし、この歌にあるように福島第一原発の近隣自治体は大混乱し、避難者の列が延々と続いていた。その後時間が経ち、放射能の飛散状況が伝わるようになるにつれてこの事故の深刻さがわかってきた。その時点で、まだ十分な調査はなされていなかったが、ＪＶＣも福島に本格的に向き合うことを考え始めていた。

あれから一年。福島の人たちは、いまも放射能の影響への不安と将来の見えない不安に苛まれている。放射能のリスクを過小に見せ、復興を声高に叫ぶ人たちがいる一方で、放射能のリスクを敏感に捉え、よりリスクの少ない場所を求めて避難している人たちがいる。その二つの動きの間で、リスクと不安を背負いながら地元で生きてこうとする人たちは板挟みになっている。

原発事故は終わっていない。事故発生から一年後の二〇一二年四月一六日、福島第一原発から二〇キロメートル圏内の警戒区域が一部解除された。南相馬市南部の小高区も立ち入りが許されるようになった。人々が目にしたのは津波に呑まれた当時のままの痛ましい光景であった。原発事故はそこに住む人々からまる一年という歳月と明日への希望を奪った。これが原発事故の現実である。

ＪＶＣは世界の一〇の国と地域で、そこに住む人々との連帯を通じて緊急救援や平和活動を行っている日本の国際ＮＧＯである。その私たちが震災と原発事故の一カ月後から南相馬市と三春町で支援活動を始めた。国内での本格的な支援活動はこれが初めてである。南相馬では災害ＦＭラジオ放送の運営支援と仮設住宅のサロン活動、三春では地元の農家を物心両面で支えようと花見祭りや収穫祭を通した交流活動を行ってきた。以下では、主に南相馬での「災害ＦＭ支援」を取り上げ、支援に至るまでの経緯や組織としての意味づけ、実際の活動の内容やそこから得た課題・教訓、そして海外での支援活動との比較について述べたあと、原発事故という特殊状況のもとで抱え込まざるを得ない、支援者としての葛藤について触れようと思う。

すでに福島で起きていることから人々の関心は薄れてきている。悩みながら、模索しながら活動している私たちには気のきいた提言はできないが、せめて福島のことを忘れないでという地元の人々の声に応えるために、ＮＧＯとしていかに考え、いかに行動してきたかの記録を残しておこうと思う。いまだ終わらない原発事故の被害に、地元の人とともに向き合い続ける決意の一端をここに記しておく。

一　福島で活動を始めるまでの経緯

ＪＶＣ内の議論と放射能の壁

ＪＶＣは震災のあと一週間を自宅待機とした。自宅待機を終えた直後の三月二二日に開かれたスタッフ会議は、ＪＶＣの福島との関わりを決定づけた。スタッフの一人から「なぜ福島支援をやらないのか」という意見が上がったのを皮切りに、福島支援の行動を起こすべきとの意見が続出した。「今回の災害は地震、津波、原発事故の複合災害だ。エネルギーという観点からも、最も取り残されていく人々という観点からも、福島に関わらないのはおかしい」「原発産業の構造は、私たちの豊かな生活が途上国の人々の犠牲の上に成り立っている構造と直結している。海外で生じていることと国内で生じていることを重ね合わせて訴えていかなければならない」「農家が農業を続けられなくなる可能性がある。避難先を提供したり土地を提供したりできないか考えたい」「不足した一五％の電気を今後も使わず、節約した電気代を支援に回すなど、私たち自身の生活の見直しに直結した中長期的支援の取り組みが必要だ」。

これらの発言にはＪＶＣが長期目標で掲げてきた「地球環境を守る新しい生き方を広め、対等・公正な人間関係を創り出す」という理念が反映されていた。この議論を受けてＪＶＣ内に原発事故の被災者支援を検討する「福島チーム」が設置された。

福島チームは支援活動調査のための情報収集を始めた。さまざまな方面の知人を通じて情報を集めた。しかしここで、活動に際してはスタッフの放射能被曝のリスクという問題が生じた。

放射能は目に見えず、たとえ空間線量を測ってもこれなら安全だという閾値がない。リスクに対する考え方も人それぞれに異なる。福島チーム内でも同じ線量に対して危ないと見る人と、多少のリスクは活動する以上やむを得ないと見る人との間で意見が分かれた。共通の基準をつくらなければ調査にも行けず、活動の見通しを立てることすらできない。まず暫定的な「行動基準」を四月一日に作成し、その後状況に応じて改定していくという条件で活動に踏み出すことになった（七月二八日改定）。

活動地と活動分野の絞り込み

福島で支援活動を始めると言っても、どこからどのように調査の手掛かりをつかむのか。現場は混乱しているであろう。外部から調査に来ましたと言っても、海のものとも山のものともわからない私たちを受け入れる余裕は恐らくない。「ＪＶＣ」と名乗っても知る人はほとんどいないだろうし、ＮＧＯという存在さえ馴染みがないはずである。まず私たちの視点から支援対象を絞り込むしかない。調査の手がかりを探るにも支援の対象を決めるにも、それが第一歩であった。その結果、地域としては原発事故の影響を最も深刻に受けている福島第一原発周辺の地域が上がった。大熊町や双葉町など原発立地自治体の住民はすべて避難している。南相馬や相馬は原発に近いがそこには住民が残っている。調査の地域が南相馬と相馬に絞られた。また、別の視点も盛り込まれた。ＪＶＣは海外での農業支援に関わるなかで、日本の農業やそれを通じた地域づくりのあり方に関心を持ってきた。有機農業に携わる海外の農家

南相馬市の桜井勝延市長と話す谷山博史（右）。

とのネットワークも大切にしてきた。「重労働の割に報われることの少ない農家の方々にとって、この事故は農業をやめる最後の打撃になるかもしれない」という或るスタッフの一言から、農家の方々を支援をするというもう一つの視点が定まった。

　これらの視点をもとに地元との橋渡しをどなたに行っていただくか。思いつく限りの知人をあたり、知人から知人を紹介してもらう。自治体のルートと社会福祉協議会のルートで関係者を探った。南相馬は東京都杉並区と防災協定を結んでいる。区は震災直後から職員を南相馬市役所の応援のために派遣している。震災当日JVCの四人のスタッフは三時間かけて事務所のある上野から杉並区方面の自宅へ向かって歩いたが、その際、杉並区役所が開設した帰宅困難者のための一時滞在施設（小学校）に行き着き、施設内を見学させてもらっている。その施設の区責任者である中曽根聡さんがたまたまJVCを知っていたという縁もあり、結局中曽根さんから区の南相馬支援の窓口となっている保健福祉部へ、そして保健福祉部から南相馬市役所へと、紹介していただくことになったのである。

　最初に紹介してもらった南相馬市役所市長室の羽山時夫さんは、忙しい最中でも私（谷山博史）の電話に実に丁寧に応対してくださったうえ、桜井勝延市長との面会もアレンジしてくれた。あとでわかったことだが、そのとき市役所は混乱を極めていて、羽山さんも一カ月近くろくに睡眠もとれない状態だったようだ。市長は一度も自宅に帰っていないという。杉並区からの紹介がなかったなら、このような状況のなかで市長や羽山さんと話ができたとは到底思えない。国内での災害支援をほとんど行ったことのないJVCは、災害時の自治体間連携の仕組みも、地域の防災・災害対応の仕組みも知らなかったし、関係するネットワークも持ち合わせていなかった。JVCが「南相馬の市役所」を入口にしたのは偶然に負うところが大きい。しかし、市が管轄する災害FMの運営支援に関わるうえでは、結果として最も望ましい入り方だったことは間違いない。

一方、現在のところまだ具体的な活動には結びついていないが、相馬市役所と相馬市災害ボランティアセンターとのつながりにおいても、日本NPOセンター→うつくしまNPOネットワーク（福島）→相馬市の市議→市役所→相馬市災害ボランティアセンターという経路で紹介してもらうことができた。

二　南相馬での支援活動

震災と原発事故による南相馬市の被害状況に目をやると、まず津波による直接被害を受けたのは南北にやや長い長方形の市域の東側、太平洋に面している一帯である。後背地が比較的広いため、三陸のように住民の約一〇％が亡くなった地域に比べると被害規模はやや下回るが、それでも約四〇平方キロメートルにわたって壊滅的な被害をこうむり、多くの周辺市町と同様、人口の約一％、六〇〇人規模の犠牲者を出した。

原発事故においては市域南部・小高区（約一万二〇〇〇人）に避難指示が出され、中央部の人口密集地域（五万人弱）は屋内退避区域となった。南相馬市は市内全域の市民に避難を呼びかけ、避難用のバスも出した。その結果、原発事故直後の三月末には七万二〇〇〇人の住民のうち、約六万人が市外に避難したとされる。この時期、物流のルートが途切れ、市に残った市民には生存の危機さえあったという。

翌月の四月下旬、中央部の屋内退避区域は緊急時避難準備区域に変わった。しかし南部は依然、警戒区域として立ち入りが禁止され、南相馬市民の過半は市外に出たままであった。

ＪＶＣは、五月から本格的に南相馬に関わることになる。事前の調査でわかったのは、市内では四月上旬に至っても、基本的な情報の伝達手段がほとんど麻痺していたということだ。郵便、新聞、小荷物の宅配はもちろん、市の広報紙を配る自治組織のネットワークも機能しておらず、広報紙の印刷所すらなかった。そこで立ち上げられたのが災害ＦＭラジオ局である。四月一六日、市は市民への情報提供の手段として、地元の栄町商店街振興組合と協力し「南相馬臨時災害放送ＦＭ局」を開設、放送を開始した。放送の免許者は南相馬市であるが、業務は栄町商店街振興組合に委託する形をとった。同組合は十数年前に実験的にＦＭ放送を行ったことがあり、ある程度の機材を保有していた。しかし、放送は開始されたもののそれを聴くためのラジオを持つ人が少ない。ＪＶＣの活動はラジオの供給から始まった。

支援の開始

ＪＶＣが二回目の現地調査を行った五月初め、開設したばかりの災害ＦＭ局は以前の実験放送時にもＤＪとして関わった地元の民謡歌手、沢田貞夫・吉野よう子ご夫妻と、放送全体を統括する市防災安全課の斉藤弘さんの三人だけで運営されていた。一日三回（九時、一二時、一七時）、各一時間の生放送を、ほぼ毎日ご夫妻二人だけで行っている状況だった。その間も原発事故による「被害」はふくらみ続けており、放送の長期化が予想されるなかで人手は確保できず、継続が危ぶまれていた。また、放送の内容も行政が提供する安否情報や支援情報を読み上げるだけで精一杯といった状況であった。運営者にとっては労力ばかりが嵩み、聴取者にとっても必ずしも有効な情報が的確に届いているようには見えなかった。まず放送を継続させ、放送内容の質を充実させる必要がある。そしてそのための、適切な支援員の派遣が求められた。そのようなとき、JVCの元理事、楢崎知行が支援活動への協力を申し出てくれた。出版社や地方新聞社で長く働いてきた人である。さっそく五月から現地駐在員として南相馬に行ってもらうことになった。

こうしてJVCは災害FMへの側面支援という当初の予定を変更し、放送局の運営そのものに全面的に関わることになる。私たちは運営上の必要事項を整理し、これをJVC内に設置した福島チームで協議したうえで、次の五つの目標を立てた。①放送を継続できる人員の確保、②放送機器や事務機器の充実、③放送内容の向上、④認知率、聴取率の向上、⑤市外に避難している人への情報提供、である。

市役所の一角にある災害ＦＭ放送のスタジオの外窓。

これらの目標のもとで市役所と連携し、さまざまな取り組みを行っていった。そして年度末までにはある程度の成果を出すことができた。なかでも①の「放送を継続できる人員の確保」に関しては、支援開始とともに放送を通じて約一カ月間のボランティア・スタッフ募集を行い、放送機器担当二名、アナウンス担当二名を確保した。その間には防災安全課の臨時職員の参加もあり、人員の問題はすでに六月の時点で解消へ向かいつつあった。七月上旬からは国の雇用対策事業（福島県においては「きずな事業」）が開始されることになり、これによってさらに取材担当一名、アナウンス担当二名が新たに加わった。そして沢田さん・吉野さんご夫妻を含む全員（すべて地元の人）を「きずな事業」の職員とすることで、有給スタッフ九人の体制となった。このことで、「きずな事業」の継続期間である二〇一二年三月末までの放送継続が確実となった。

②の「放送機器や事務機器の充実」については、音楽放送の改善や放送原稿の内容確認・保管を目的とするパソコンおよびプリンターの購入、③の「放送内容の向上」については、自主取材の実施や新たな番組コーナーの設置（福島県の二つの県紙から南相馬市に関するニュースを取り上げて紹介する「今日の新聞から」など）、④の「認知率、聴取率の向上」については、チラシの作成・配布による広報活動、といった形でそれぞれ目標の達成を図った。そして、より重要性の高い「市外に避難している人への情報提供」については、「サイマルラジオ」という東京のＮＰＯの全面協力を得て、市外でも放送が聴けるようインターネット環境を整えたり、ホームページによる情報提供を行って充実を図った。

新たな課題――被災と復興の狭間でのＦＭ放送の役割

しかし、活動を継続するなかで新たな課題も浮き彫りになった。それは、地震、津波、原発事故という未曾有の複合災害の深刻さに起因する課題だ。ここで災害ＦＭ支援の第一期が終わった二〇一一年一一月末時点での南相馬市の現状を見ておく必要がある。

九月末、中心部の緊急時避難準備区域の指定が解除された。これにより一〇月中には半分ほどの小・中市立学校と一つの県立高校が本来の校舎での授業を再開したが、住民の帰還は進んでいなかった。この時点でも三万人弱の市民が避難したままであった。児童生徒に限っていえば、未就学児の八割、小学生の六割、中学生の五割が避難していた。

これには除染の問題が絡んでいた。教育施設、公共施設などの除染は積極的に進められていたが、民家の除染はほとんど行われていなかった。もっとも、半減期二年と三〇年の二種のセシウムが汚染源であるからには、急速な除染がそう簡単でないことは住民自身が一番よく知っていた。

また東京電力の賠償のやり方、補償額に不満を持つ人も多かった（もちろん今も、だが）。特に、医療機関への賠償はほとんど進んでおらず、病院等が倒産の危機にひんしていた。帰還することへの不安はそこにもあった。

交通機関の復旧状況も問題であった。地域の移動の柱の一つJR常磐線は南は原発事故、北は津波被害の影響で分断され、一一月末時点ではまったく再開されていなかった（同線の相馬－亘理［宮城］間は二〇一二年八月現在も不通）。首都圏への最速ルートである常磐道へのアクセス道も、原発事故の影響で途絶えていた。もともとこの地域には映画館などの娯楽施設もほとんどなく、それが帰還意欲を妨げる一因とも考えられた。

一方、市域内の避難者の状況も深刻だった。約一万五〇〇〇人が仮設住宅や借り上げ住宅での生活を強いられ、その解消への道筋すら立っていなかった（これまた現在も、である）。

さらに南相馬の人々を苦しめていたのは、地域や家族のなかにある深刻な亀裂である。南相馬市は福島第一原発からの距離によって三分され、賠償金、義捐金で利害が対立していた（現在は四分〔本書二五二頁地図参照〕）。津波の被害を受けた人と受けない人との間にもそれがあった。放射能に対する態度、すなわち避難するかしないかで、友人間、家族間で対立が生じ、激しい言葉が応酬されることもしばしばであった。生死に関わる判断を、個々の市民の自己責任で行うよう強いている国策無策による影響は深刻だった。

県の「きずな事業」でスタッフが増員され、放送内容も充実する。

このように「鬱屈した市民が閉じ込められ、未来への展望を持てず、不安に怯えている」というのがその時点で私たちがみた南相馬の状況であった（現在、その状況がどれだけ改善されたというのだろうか）。そんななかで、「ＦＭ放送のすべきことは何か」が問われていた。

原発事故の測り知れない影響にさらされ、未来に展望を持てず不安を抱えている方々に、「頑張れ」という言葉をかけることはできない。地元の人たちは十分に苦しみ、今後どれだけ苦しまなければならないかもわからない。だとすれば、ＦＭ放送が提供できるのは、南相馬の人たちの癒しと楽しみにつながる番組、そして南相馬の人たち同士で被災経験を共有したり新たな取り組みについて語り合う番組を紹介することではないのか。ＦＭ局のスタッフとＪＶＣが見出した結論がこれであった。

一〇月一六日、私たちはこの結論に沿って、放送開始半年を期に放送内容の一部を変更した。音楽の放送時間を増やすとともに、土日を中心に、多くの市民の声を直接届けるためにインタビュー枠も設けた。音楽が被災した方々の孤独感を少しでも和らげ、インタビューが被災経験や今後の取り組みを互いに共有し合える場になっていければと願った。またイベントの告知にも力を入れたり、放送時間の枠を広げて自主制作の民謡番組のコーナーや外部から提供された番組も増やしていった。

コミュニティFMの放送化に向けて

実は放送開始直後の五月ごろから、災害ＦＭ放送をコミュニティＦＭ放送に移行させて町おこしのツールにしたいという希望が、かつて実験放送に携わっていた地元の人たちを中心に持ち上がっていた。秋口を境に、市としても、当面のＦＭ担当は防災安全課だがいずれは街中賑わい創出課（現、商工労政課）などと連携する方向で、コミュニティＦＭの放送化を視野に入れることになった。市の経済規模ではコミュニティＦＭ放送を単独で維持するのはむずかしいが、少数精鋭で、ある程度外部からの支援があれば継続も可能だ。そのためにはスタッフの技術向上を図り、市民にもＦＭ理解を深めてもらい経済的・精神的支持者を増やしていく必要がある。すでにこの頃から、他地域のコミュニティＦＭ局（福島市）や災害ＦＭ局（宮城・山元町、岩手・大槌町）にスタッフを送り短期研修も行っていた。しかし、自分たちの課題や希望に沿った、より積極的な研修が求められていた。市民の理解が深まり支援者を増やしていくためには、市民参加型のラジオを考えるワークショップも継続的に開催する必要があった。

　さらに、当初は予期し得なかった課題として挙がったのが、難聴取地域の解消である（これは他地域のいくつかの災害ＦＭ放送局にも共通する課題であった）。南北三つの市町が合併した南相馬市の場合、それぞれの旧境界に低い丘があり、その山陰が難聴取地域に当たった。中央部が緊急時避難準備区域に指定されていたため、仮設住宅のほとんどが北部の旧鹿島町域に立てられている。つまり仮設のほとんどが難聴取地域に入っている。また、市内外に避難中の南部・小高区の人々は警戒区域の指定解除（二〇一二年四月）を待って自宅や地域の状況視察・復旧活動に取り掛かるであろうが、この小高区も難聴取地域に入っている。南相馬臨時災害放送ＦＭ局を謳っているその電波が小高に届かないとなれば、災害ＦＭの役割を大きく逸することになる。分断された南相馬の人たちを一つに結ぶはずのＦＭが、逆に分断を助長してしまう恐れもある。

私たちは年末（二〇一一年）からこの問題の解消に向けて取り組むことになった。そしていくつかの方法を試み、実地に電波状況などを調査した結果、一般のテレビ・ラジオと同じように電波の発信施設を山上に移設するという結論に行き着いた。この活動でな野村正規氏（ＮＰＯ法人ＢＨＮテレコム支援協議会参与）、脇屋雄介氏（エフエム長岡社長）などのご協力を得た（二〇一二年七月、アンテナは無事設置され、総務省の最終的な許可を待っている）。

先に述べたように、ＪＶＣは南相馬の災害ＦＭの運営に全面的に関わってきた。特に派遣員（現地駐在員）の楢崎は放送局開設直後から人員体制づくりを中心にフルタイムでこれに関わってきたが、その結果、期せずして局を統括する立場に立つことにもなった。しかし、地元中心の放送の「持続性」と「コミュニティ化」のためにはいつまでもこの体制でいくわけにはゆかない。そこで、災害ＦＭ支援第一期六カ月の後半からは、地元スタッフ主体による運営体制へ向けて新たな準備を進めることになった。

コミュニティFM化に向けた最初の一歩

同じく年末には、国の雇用対策事業「きずな事業」が二〇一二年三月末まで一年間延長されることになった。それに伴って市は災害ＦＭ放送の一年間の延長を決め、スタッフの雇用も維持されることになった。年末に策定された南相馬市復興計画には、災害ＦＭ放送が市民への情報伝達の一翼を担う重要な手段として位置づけられた。ここで、コミュニティＦＭ放送化への準備にも一年の余裕が生まれた。

コミュニティＦＭの放送化にあたっての最大の壁は、経済的な問題である。もともと小規模な南相馬市の経済は、大震災、原発事故の影響で疲弊している。機材・設備などは災害ＦＭ放送から引き継げるとしても、また発足後しばらくは外部支援を期待できるとしても、継続的な運営、維持には広範な市民の協力が必要である。市民の参加がない放送では存在する意義がない。そのような観点から、年明けの一月一四日には、阪神淡路大震災をきっかけに設立されたコミュニティFM「FMわぃわぃ」（神戸）の日比野純一代表の示唆、協力を得て、災害FM放送のあり方、将来を考えるためのワークショップを開催した。

このワークショップには地元の商工会議所、JA、社会福祉協議会などが参加し、外部から招いたリソース・パーソンを含めて約四〇人が集まった。外部参加者からは、コミュニティFMの放送化を望む発言が相次いだ。ところが、放送局のスタッフたちはその発言に戸惑いを感じていた。これまで災害FMを毎日放送してきたが市民のFM放送への反応はあまりない、このままプロセスを進めていってもよいものか、という不安であった。議論の結果、コミュニティFM化を煮詰める前にまず自分たちの手で市民の声を拾い集めよう、そこからコミュニティ放送を市民のものにするためのヒントを得ていこうということになり、試行錯誤のなかでさまざまな方針を決めていった。

まず、番組の改編である。若者たちが思いのたけを語り合う「若者ラジオ」、震災後南相馬に関わり続けている芥川賞作家の柳美里さんが市民と交流する「ふたりとひとり」など、自主制作番組を新たに加えることにした。イベントでの取材・インタビューを増やし、できるだけ市民の声をそのまま流していくことも決まった。失敗を恐れず、スタッフたちの言葉を借りれば、まずは急がず、できることから、様子を見ながら、そして楽しみながら、市民参加のラジオを目指していく――スタッフたちのその姿勢には、コミュニティ再生への一端を担い、未来を切り開いていこうとする力強さが感じられた。そして私たちも、共に歩ませてほしいという気持ちを大にした。

災害FM以外の活動――仮設住宅でのサロン活動

ＦＭ放送支援を通じたさまざまな出会いから、新たな取り組みも始まった。仮設住宅でのサロン活動支援である。仮設住宅でのサロン活動は、南相馬市ではすでにＮＰＯ「やっぺ南相馬」（南相馬市、内田雅人代表）が二〇一一年八月より市内三カ所で開始していた。集会所を利用して週六日間、午前九時半から午後四時半まで、サロン責任者を常駐させて無料でマッサージ機や茶菓のサービスを行っていた。狭く部屋数が少ないだけでなく、相互に訪問し合うことも少ない仮設住宅入居者へ、憩いと交流の場を提供すると同時に、入居者が自主的な活動を始める契機となるよう手助けすることを目的とする活動である。放送局のスタッフである警戒区域・小高区出身の今野由喜さんとＪＶＣはＦＭ放送でこのサロンを取材し、その必要性を感じとった。そして今野さんが任意団体「つながっぺ南相馬」を組織し、ＪＶＣがそれを支援するという形で、私たちのサロン活動は始まった。二〇一二年早々には、三カ所の仮設住宅（入居者は小高区の住民）で常設サロンの開設にこぎつけた。

サロン活動は、今も仮設の入居者からとても歓迎されている。どのサロンも一日平均二〇人を超え、多いときは四〇人近くになることもある。利用者は比較的年齢の高い女性で、マッサージ機には順番待ちができ、長時間にわたって話を弾ませている。女性の数に比べれば二割～三割程度だが男性の利用者も増え始め、ごく少数だが子どもたちも訪れている。利用者が全入居者の半数程度という限界もあるが、サロン活動は成功裏にスタートした。運営が軌道に乗り始めた三、四月頃からはイベントやカルチャー・クラスを開き、仮設の入居者同士や外の人たちとの交流機会も設けている。なかでも人気のイベントが輪投げ大会で、もともと小高区民の間で親しまれていたイベントだけに入居者にとっては以前を懐かしむ格好の機会となっている。

集会所でサロンが運営されている西町第一仮設住宅（南相馬市）。

こういった活動は、仮設がある間は継続されていく必要がある。そしていずれは外からの支援ではなく、入居者自身によって行われることが望まれる。サロン活動主催者「つながっぺ南相馬」代表の今野さんは言う。「いつか入居者が仮設を出てばらばらになっても、ここで暮らしたことが懐かしい思い出になり励ましとなればうれしい。このサロンをきっかけに勇気を得て、次のステップに移ってほしい。ただしそれには時間がかかる」と。まずは癒され、そして徐々に受け身の暮らしから自分たちの暮らしを取り戻していく、そのための支援を今後も続けていきたいと思っている。

三　国外の活動と国内の活動の共通点と違い

人々の力を信じる

ＪＶＣは世界のさまざまな地域で目の前で

直接生じている問題や構造的な問題に苦しむ人々と手を携え、三〇年以上に亘ってさまざまな支援に取り組んできた。戦闘で家を追われ、住む場所も生きる展望も定まらないまま放り出されてしまった難民、田畑を耕しながらも自分たちの食べる食糧さえ十分に得られない農民、現金収入を得るために都会に出稼ぎに来てＨＩＶエイズに感染してしまったスラムの若者、そうしたいくつもの出会いのなかでＪＶＣが一貫して示してきた姿勢、それは、「かわいそうだから手を差し伸べる」というものとは対極のところにある。同じ時代を生き、困難な状況に立ち向かう仲間として、緊急救援が必要なときには毛布や食糧を調達・配布し、将来を見据えた取り組みが必要なときには地元の人たちと共にそのための方策を練り合って（たとえば、互いにお米を持ち寄って食糧不足時に貸し出しする「米銀行」のしくみづくりなど）、住民主体の運営につなげる活動を応援してきた。福島でも同じだ。津波で身内を亡くした方や家も田畑もすべて失った方、そのうえ原発事故で自宅に戻れず衣食住すべてを支援に頼るしかなくなった方、それでも自分の足で立ち前へ進もうとする多くの方々がいる。私たちはそうした方々の力を信じて、寄り添いながら、長い目で問題解決への道を一緒に見つけていこうとしている。

物資だけではない長期的視点に立った支援

震災直後から物資の支援を中心に行ってきた団体は、今もそれを続けている。確かにそれもまだ必要な場合がある。だが自分たちの足で一歩踏み出そうとしている方々への支援のあり方についても、同時に考慮すべき段階にきている。アフガニスタンにおける活動でも同じような局面があった。二〇〇一年一〇月の米英軍による空爆直後、私たちＪＶＣはパキスタン国境付近に逃れてきた避難民に緊急救援の一環として食糧や薬、毛布を配布した。家財道具もほとんど持てないまま逃れてきた人々に、最低でも冬を越すための支援は絶対的に必要だった。しばらくは物資支援を必要とする期間が続いたが、緊急事態が過ぎた翌年後半から、人々は徐々に二〇年以上続いた内戦の傷跡が残る村々にもどり始めた。こうした局面変化のなかで私たちが新たに行ったのが、中・長期的視野を見据えての予防医療支援と教育支援である。

現在、一緒に活動しているアフガニスタン人の地元スタッフは、この支援に参加した二〇〇六年当初、物やサービスを提供するのがNGOの役割だと思っていたそうだ。しかし、私たち日本のスタッフが村で物資支援を最小限にとどめて、村人との話し合いを何回も持ったり村人の決定を何日もじっと待ったりする姿を見て、何かを感じるようになったという。数年後彼は、支援者に薬をもらうだけでなく村人自身の手で予防できる病気も確かにある、と実感をもって語ってくれるようになった。「JVCは物をあげるだけの団体とは違います。JVCは村人の自主性を尊重しながら病気の予防や教育の改善を働きかけてきました。それが村人のJVCへの信頼にもつながっています。時間がかかることですが、必ず村人のものになると信じています」――彼は地元を訪れる支援関係者にそのように伝えているという。JVCのスタッフ歴六年の彼自身、こうした活動に参加することで勇気を得たと話す。福島での取り組みも、地元の方々と共にこのような「勇気を与え合う関係」のなかで続けていきたいと思っている。

当事者としての福島支援

これまで国外では、現地のスタッフやカウンターパート（支援関係者）と協力して活動を行い、私たち日本のスタッフが去ったあとのことを前提にして、最終的には地元の人たちにバトンを渡すという形で支援の枠組をつくり上げてきた。しかし、福島での活動は違う。支援する私たちも地元の人たちと共

寺内塚合仮設住宅（南相馬市）のサロン開所式に集まった入居者。

通する言語、文化、歴史を持ち、暮らしや社会を共に形成してきた者の一人である。あとは地元の人たち自身の力で、というわけにはいかない。食糧、エネルギー、工業製品に至るまで、私たち都市住民の生活を支えてきてくれた福島の人たちの現在の苦難を、それこそ我がこととして長期的視点に立って共に乗り越えていかなければならない。支援の常套句「出口戦略」などあり得ない。

　私たちＮＧＯにいま求められているのは、先の見通しが立たないような状況にありながらも自らの足で立ち、自らの頭で考え、困難を乗り越えようとする、一人の人間としての強さを身につけること、そして人やコミュニティとのつながりがなければ立つこともできない、一人の人間としての弱さを自覚することである。まさに、これまで国外の人々に伝え続けてきたことを、今度は私たち自身の問題としてここで捉え返さなければならない。そのためには、もっともっと福島の人たちの多様な声に耳を傾け、自分たち自身の足元の暮らしを見つめなおしていかなければならない。自らも変わっていくことが、これまで以上に求められている。国外での経験を日本でどう生かせるのか、それがいま試されている。そして一方では、これまで協力し合ってきた国外の人々とのネットワークを、今度は「困難を乗り越える当事者同士」として、「同じ目線」でつなぎ直していくときなのかもしれない。

四　活動の振り返りと教訓

福島への関わりを考える

国際協力NGOセンター（JANIC）の二〇一一年六月末の調査によると、福島支援に参加した日本のNGOの数は一一団体であり、宮城の五三団体、岩手の三二団体に比べて極端に少ない。明らかに支援の偏りがあった。それにはいくつかの理由があるだろうが、決定的要因はむろん原発事故にある。福島に関わるということは原発事故と放射能の問題に向き合うということである。すなわち、スタッフの健康リスク、東京電力や政府の責任、住民間の分裂や支援団体間の意見の相違、そして私たち自身のこれまでの生活のあり方、これらに向き合うということである。そこに福島で活動することの難しさがある。しかしJVCは福島で活動を始め、今後も福島に関わり続けようとしている。それはなぜか。

人道支援に携わる際のJVCの基準の一つに、「日本社会との関わり、日本市民として責任がある場合」というものがある。原発事故という今回の大惨事はまさにこれに該当する。そこには、原発そのもののリスクを地方に押し付け、その果実だけを享受してきた都市市民としての私たちの責任、そしてその結果に目をつぶろうとする「沈黙する大衆」としての私たちの責任がある。東京をはじめとする都市型社会は、経済活動における生産と消費の両端を、つまり生産に必要な資源の採取と消費の後始末である廃棄を、外部に押し付けることで成り立ってきた。原発や放射性廃棄物処理場の立地もそうである。このことは、構造的には中央による地方への差別化、北による南への差別化に他ならない。いまさらと言われればそれまでだが、この問題に向き合わない限り、JVCが自らの長期目標に掲げている「環境を守る生き方を広め、対等・公正な人間関係を創り出す」ことなど実現できるはずもない。

ではどのように福島の人たちと関わるのか。原発事故自体が収束せず、被災の影響も計り知れない状況のなかでは「美しいプロジェクト」を描くことなどできるはずもない。私たちにできるのは、被災した人々と地域に関わりながら共に苦しみ、人と人、すなわちコミュニティのつながりを結び直すためのお手伝をすることでしかない。自らも被災した南相馬災害FM局のスタッフが、あるとき私にこう語った。「東京の人は危ないから逃げろとか、もっとなぜ怒らないのかと外から言ってくる。なぜ東京の人からそんなことを言われなければいけないのか。しゃんとして生きるのは私たち自身なのです」と。まったくその通りである。原発事故をきっかけに大量消費社会の根幹が問われている。だが、「脱原発」の先にどのような社会を築けばよいのかも同時に問われている。いずれも、「あなた」ではなく「私」の問題なのである。「しゃんとして生きる」とはどういうことなのか、福島支援に携わる者のほうこそ、この言葉を自分自身に向けて発していかなければならないだろう。そしてこの言葉の意味を、福島の人たちと共に考え行動するなかでしっかりと捉え、変革に向けた行動へとつないでいかなければならないだろう。

外部から支援に入ることの難しさ

しかし、共に苦しみ、共に考え、共に行動する関係をNGOという組織としてどのように築き、維持していけばいいのか。最初の入口を間違えると、この関係性のつくり方が歪んだものになりかねない。相馬市災害ボランティアセンターを訪問したときに職員から言われた言葉には、外部から支援に入ることのむずかしさを痛感させられた。発災から一カ月後のことである。ボランティアセンターの担当者は

郵便はがき

料金受取人払郵便

新宿北支店承認

5138

差出有効期限
平成25年2月
19日まで

有効期限が
切れましたら
切手をはって
お出し下さい

169-8790

260

東京都新宿区西早稲田
3—16—28

株式会社 **新評論**
SBC（新評論ブッククラブ）事業部 行

お名前	SBC会員番号 L　　番	年齢
ご住所（〒　　　） TEL		
ご職業（または学校・学年、できるだけくわしくお書き下さい） E-mail		

本書をお買い求めの書店名
市区
郡町　　　　書店

■新刊案内のご希望　□ある　□ない
■図書目録のご希望　□ある　□ない

SBC（新評論ブッククラブ）入会申込書
※に✓印をお付け下さい。

SBCに **入会する** □

SBC（新評論ブッククラブ）のご案内
◆当クラブ（1999年発足）は入会金・年会費なしで、会員の方々に小社の出版活動内容をご紹介する小冊子を定期的にご送付致しております。**入会登録後、小社商品に添付したこの読者アンケートハガキを累計5枚お送り頂くごとに、全商品の中からご希望の本を1冊無料進呈する特典もございます。**ご入会は、左記にてお申込下さい。

読者アンケートハガキ

このたびは新評論の出版物をお買上げ頂き、ありがとうございました。今後の編集の参考にするために、以下の設問にお答えいただければ幸いです。ご協力を宜しくお願い致します。

本のタイトル

● この本を何でお知りになりましたか

1.新聞の広告で・新聞名（　　　　　　）　2.雑誌の広告で・雑誌名（　　　　　　）　3.書店で実物を見て　4.人（　　　　　　）にすすめられて　5.雑誌、新聞の紹介記事で（その雑誌、新聞名　　　　　　）　6.単行本の折込みチラシ（近刊案内『新評論』で）　7.その他（　　　　　　）

● お買い求めの動機をお聞かせ下さい

1.著者に関心がある　2.作品のジャンルに興味がある　3.装丁が良かったので　4.タイトルが良かったので　5.その他（　　　　　　）

● この本をお読みになったご意見・ご感想、小社の出版物に対するご意見があればお聞かせ下さい（小社、PR誌「新評論」に掲載させて頂く場合もございます。予めご了承下さい）

● 書店にはひと月にどのくらい行かれますか

（　　　）回くらい　　書店名（　　　　　　）

購入申込書（小社刊行物のご注文にご利用下さい。その際書店名を必ずご記入下さい）

書名　　　　　冊　　書名　　　　　冊

ご指定の書店名

書店名　　　都道府県　　　市区郡町

こう言った。「このセンターにはNGOさんが入って来なかったので、お陰さまでこれまでうまくやってこれました」。当時、相馬市災害ボランティアセンターは、同市社会福祉協議会を主体に地元の人々や他地域の社会福祉協議会などの協力によって運営されていた。もしこれにNGOの支援が加わったならば、より活動の幅を広げることもできたであろう。

しかし、もし地元の事情を何も踏まえないNGOが外部からただ介入するだけであったなら当然混乱を来たしていたであろう。地元の主体性は損なわれ、センター内の結束や地元の人とのつながりにもひびが入っていたかもしれない。そのことを担当者が恐れていたとしてもおかしくはないのである。福島のみならず、宮城や岩手ではどうだったのか。被災地におけるこれまでのNGOの関わり方について、検証が求められる重要な部分であろう。

行政を窓口に支援に入るということ

私たちJVCは、市役所や災害FM放送局の担当職員の方から支援を求められる形で活動を始めることができた。しかし、市や市の管轄下にあるラジオ局をカウンターパートにしたことで、本来市民の立場や目線で行われるべきNGOとしての活動に制約が生じることはなかったか。すでに述べたように、立ち上げ当初の災害FMは市情報を一方的に放送することで精一杯の状況であったが、市役所からの掲示以外に他の情報伝達手段がほとんど機能していなかったことを考えれば、確かにメディアとしての重要な役割は果たすことができた。とはいえ、放射能拡散という未曾有の脅威にさらされながら自己の判断で行動を決めざるを得なくなっていた市民にとっては、市からの情報だけを鵜のみにするわけにはゆかなかった。インターネットにアクセスできる人はいいが、できない人たちも大勢いる。自分や家族の放射線被曝を日々心配し、避難するかしないか、何を食べるか食べないかをめぐって、家族や親しい友人との間での亀裂も絶えない。私たちが日々接している南相馬の人たちは、苦しみ、悩み、傷つき続けていた。行政が語る「復興」とは別に、市民による「コミュニティの未来」が語られなければ、行政と市民による本当の意味での連携は生まれないだろう。果たして私たちはその手助けができたであろうか。

コミュニティ活動に取り組んでいる地元の人から、「FM放送局は市役所から外に出なければだめだ」と言われたことがある。もっともである。幸い災害FMを管轄する市の担当職員の方は理解のある人で、街に出て取材やインタビューをすることにも、あるいは地元のさまざまな人たちをゲストに招いて多様な情報・メッセージを発信することにも好意的であったため、市民参加型の放送をスムーズに実現していくことができた。災害FMをコミュニティFMに移行させる計画についても、市の復興計画のなかに盛り込まれた。この一年を振り返ると、この点で私たちは災害FMを「市民による市民のための放送」に近づけることができたと考えている。また、それができたのは「よそ者効果」があったからだと考えている。市民活動を担うさまざまな人たち、災害FMの職員・スタッフの方々、そしてFM放送を所轄する市役所の要となる人たち、彼・彼女らはみな地元の人たちである。同じ被災者として互いに気づかい合いながらも、それぞれのしがらみや社会的立場の違いがマイナス効果として働くこともある。それは地元民同士ゆえのことであり、いずこも同じであろうが、私たちはそうしたデリケートな部分をつなぐパイプ役としての役割を、「よそ者」ならではの距離感で果たし得たのではないかと思っている。私たち自身もラジオの取材を通じて知り合った多くの方々と信頼関係を築くことができた。こうしたさまざまな関係づくりが、また新たな活動を生み出していくのだろう。

一般に、地域における市民活動は「反行政」と見られるか「行政の下請け」になるかのどちらかになる傾向がある。これは途上国の地域でも見られる傾向だが、そのようなとき、外部者としてのＮＧＯはしがらみのない立場から両者のつなぎ役として存在することができる。この場合、市民にも行政にも信頼されることが大切となるが、むろんここで前提は、市民の立場に立つことである。

おわりに

今回は南相馬市での活動を取り上げ、三春町での営農支援については触れることができなかったが、三春においても南相馬と同様の難しさに直面している。それは原発事故に特有の問題なので、最後にそのことに触れておきたい。

災害ＦＭ局のスタッフに協力してもらい千倉仮設住宅（南相馬市）で歌謡教室を開催。

三春支援として最初に行ったのが「花見祭り」である（二〇一一年四月）。このとき県外参加者の一人が次のように発言した。「私の妻は福島出身です。仕事でも福島の農産物の販売支援を通して福島の方とは多くの知り合いがいます。だから福島の農家を心から応援したい。でも放射能の影響は深刻で、三春の線量は比較的低いとはいえ、やはり子どもたちは避難させたいのです」。三春の営農支援のために集まった一〇〇人余りの参加者を前にして、このような発言するのは勇気のいることであったろう。この人のもの言いは誠実さにあふれていた。「上から目線」ではなく、共に苦しむ覚悟を感じさせる、絞り出すような言葉が印象的であった。一方、地元の南相馬でサロン活動を主催する先の今野由喜さんは、ある報告会で次のように発言した。「これからも精神的な支援はいただければと思います。けれど、まるで南相馬にいることが罪であるような発言はやめていただきたい。誰もが悩んで、ここに残るかそれとも離れるか、という難しい決断をしたのですから」。

二人の言葉のそれぞれに納得する自分がいる。これが福島で活動することの難しさである。子どもたちを避難させたい。同時にそこに留まる決意をしたお母さんたちとその家族を支えたい。この心の葛藤は、福島を支援する誰もが抱える悩みではないだろうか。放射能の危険については、国にも地域にもまとまったコンセンサスがない。社会学者の大澤真幸の言う「第三者の審級」の不在（章末参考文献『夢よりも深い覚醒へ』）である。このことが支援者自身に「弛まない問いかけの刃」となって向けられる。むろんこの問いは、他の誰よりも福島に留まる人たち、そして福島を離れざるを得なかった人たち自身の心の内に振幅を伴って押し寄せているものであろう。何が正しいかわからないなかで、ある判断をする。判断をしたからには、心をその判断につなぎとめ、行動する。そうしなければ、いまを生きることすらできないからである。

私たちも同じである。そこに留まると決めた人たちは、避難・疎開者と同様、重い決断のもとでそこに留まった。私たちはその重みをしっかりと受けとめ、彼・彼女らと行動を共にする。福島で支援することそれ自体が彼・彼女らを危険にさらすことになる――そういう批判もある。しかし、支援を続ける限り、その批判をも私たちは正面から真摯に受けとめていかねばならないだろう。先に、「私たちにできるのは、被災した人々と地域に関わりながら共に苦しみ――」と言ったのはそういうことである。

一時的な、プロジェクト完結型の支援では、支援自体の是非をめぐる議論にも目をつむることになるのではないか。上記の批判に責任をもって応えていくには、自ら葛藤を携えながら見えない将来の結果にコミットするしかない。福島という、これまで日本のどこも経験したことのない原発・放射能災害の現場は、もはや五〇基すべてを廃炉にしない限り、どこでも、誰にでも起こりうる、未来の災害への対応現場なのだということを心に刻みながら。

参考文献

楢崎知行／ＪＶＣ「南相馬市の緊急災害ＦＭ放送の支援の報告」ＪＶＣ、二〇一二年三月一日。

和合亮一『ふるさとをあきらめない―フクシマ、25人の証言』新潮社、二〇一二。

大澤真幸『夢よりも深い覚醒へ―3・11後の哲学』岩波新書、二〇一二。

ナオミ・クライン『ショック・ドクトリン―惨事便乗型資本主義の正体を暴く』上・下、岩波書店、二〇一一。

8　「雪が降って、ミツバチが死んだ」
――原子力災害の中で、大学という場から思うこと

猪瀬浩平
（明治学院大学国際平和研究所所員）

剝き出しにされた〈個〉

東京電力福島第一原子力発電所が引き起こした事故によって、放射性物質は広範囲にわたって大量に放出された。その結果、厳重にとじこめられ、管理されているはずの放射性物質は、私たちにとって日常的な存在となってしまった。

放射性物質や放射線は、見えず、音も立てず、匂わず、そして触れることのできないという特徴を持ち、身体的・感覚的な把握を拒む。ガイガーカウンターなどの機械なしに、その存在を確かめられない。仮に放射線量が把握されたとしても、その危険性の評価は人によって大きく異なる。科学者や医療者によってリスク評価は対立し、議論の一致をみていない。同じ家族であっても、同じ地域の住民であっても、たとえば避難や移住、食品の選択などをめぐって判断が分かれ、引き裂かれる。放射能の汚染度や、

福島県の内側と外側、東日本と西日本、日本と諸外国、あるいは生産者と消費者や、原発関係企業の社員とそれ以外といった形で、私たちは幾重にも分断されていった。

放射能によって生存を脅かされる中、私たちの存在は、〈個〉として剝き出しにされた。本章の目的は、この〈個〉が剝き出しにされる状況に対して、大学がどんな役割を果たしたのか振り返ることであり、そしてまた如何なる役割が果たしうるのか考察することにある。

揺さぶられた大学――東京電力は私たちではなかったのか？

震災と原発事故の中で、政府や東京電力、大手マスコミ各社の対応が批判された。交渉や訴訟においても、政府の人々は、システムの代理人であることに終始し、避難の権利や生活の保障を訴える人々に向き合うことはできていない。

しかし、果たして、私たちと〈彼ら〉とどれだけ違う場所にいるのだろうか、果たして大学という組織の論理、学界のシステムの論理の代理人であることをやめることができた瞬間がどれだけあったのだろうか？　余震や大規模停電があくまで大学の内側で引き起こすリスク、その軽減ばかりに目が向けられてはいなかったか？　そして、学生と教員の区別を超え、等しく直面した不確実な事態の中でそれぞれの命を守るために行う自己決定をいかに保障するか、そのための状況分析や議論の場づくりが疎かになってはいなかったか？　「日本政府は私であり」、「東京電力は私である」という認識からしか、この事態に対する根源的な批判は生まれない。

東日本大震災と、それに引き続く原子力事故によって、大学は文字通りに大きく揺さぶられた。私が勤務する明治学院大学も、卒業式と入学式を中止し、授業開始を五月の連休明けまで延期した。これら一連の措置について、当時の学長は学生に向けて、以下のように説明した。

平穏な生活を襲った自然の猛威は広範に及び、震災の影響は予想をはるかに超えて深刻です。被害の全貌はまだ明らかになっていませんが、復興の道程は険しいと言わざるを得ません。また、原子力発電所の連鎖的な事故も重なり、さらなる不安に私たちの生活が晒されています。

新入生・在学生の皆さんは、今さまざまな困難と大きな不安の中で新学期の準備をされていることでしょう。社会の機能不全により必要な手立てが思うように得られないことに苛立っておられるかもしれません。しかし、どうかそれぞれこの事態と冷静に向き合い、落ち着いた対応を取られることを願います。

本学はこの事態への対応として、入学式典を中止し、また授業の開始や新入生向けのオリエンテーションなどを遅らせることにより、皆さんが少しでもゆとりをもって新生活を立ち上げることができるよう措置いたしました。（明治学院大学ホームページ二〇一一年三月二五日学長からのメッセージ「新入生・在学生の皆さんへ」）

ここで学長は一連の措置を、震災や原発事故による社会の機能不全の中で学生が「ゆとりをもって新生活を立ち上げる」ためとしている。たしかにこの時期、余震や停電のリスクはあった。しかし、それが五月の連休で終わるかは不明であった。

こうして在校生の多くは五月の連休までの間、「春休みの延長」を過ごすことになった。大学からの情報の発信は限定され、学生同士や教員と議論する場、情報を交換する場はほとんど閉ざされた。そんな中、「どうかそれぞれこの事態と冷静に向き合い、落ち着いた対応を取られることを願います」という大学からの先のメッセージは、それができるための条件を学生に丸投げした無責任なものとして感じとられていたのではないだろうか。

問題は、大学が、政府とも、マスメディアとも違う形で、公共空間を開くことを放棄してしまった点にある。政府やマスメディアへの信頼が失われる一方で、インターネットを中心に膨大な情報があふれた。それにもかかわらず、大学は学生の参加を制限し、情報の波の中に置き去りにした。福島県出身の学生の中には、故郷に帰り家族に会いに行くべきか、それとも被曝リスクを避けるために関東に留まるべきかに悩む人もいたし、インターネットから得た膨大で、相互に食い違いのある情報とのダブルバインドに陥り、家から一歩も出られない学生もいた。自主的に被災地のボランティア活動を行う人もいたが、その中には宮城・岩手の被災地と、福島の被災地が分断されている状況の中で、福島とつながれない自分に苛立ちを感じる人もいた。

このような事態に陥ったことについて、一教員として強く反省をする。巨大な組織となった大学は、福島と共に生きる以前に、「想定外」にしていた災害の中で思考停止に陥ってしまっていた。

おずおずと始めたこと

このような事態の中で、明治学院大学の平和学にかかわる教員によって構成され、私自身も所員を務める明治学院大学国際平和研究所（以下、ＰＲＩＭＥ）は、おずおずと動き始めた。震災発生後一週間経った頃から議論が起こり、四月　日に「東日本大震災に関する声明」を発表した。

この声明は、今回の原発災害を、我が国の近代化のひずみが、無残にも露わになった事態という認識

福祉農園の寄り合い。地質学・造園学を専門にするメンバーが状況分析を行った後、それぞれが想いを語り討論した／2011年3月21日

に立つ（「原発事故がもたらした深刻な危機は、経済的成長に専心し、格差を拡大し、環境を破壊し、弱者を切り捨ててきた近代日本社会のあり方と密接に結びついたものであると考えます」）。その上で、「安全地帯への避難」「正確な情報の伝達」「差別なき支援」を政府や電力会社、関係諸機関に対して求めるとともに、私たち大学が「状況分析と提言」および「開かれた言論と自由な批評」の場の保障について使命を負うものとしている。

声明発表の後、ＰＲＩＭＥは授業延期に伴い、学生や関心ある人々に情報共有と議論の場がなくなったことを危惧し、「連続講座　東日本大震災と私たち」を企画した。四月中には、四回開催し、メディアの役割や市民科学に関する問題提起がなされた。五月以降は頻度を減らしたが、二〇一一年内に合計一四回開催した。この連続講座を続ける所員たちの心中には、学生だけでなく、教員や近隣の住民が個として分断される中で、自分たちが「開かれたつながり」を如何に生み出せるのか、という自問自答があった。本書の編者らが主宰する〈ＮＧＯと社会の会〉との共催シンポジウム「原発災害・復興支援・ＮＧＯ」（同年一二月一七日開催）も、ＰＲＩＭＥにとってはこの連続講座の一部として位置付けられている。

これと並行して、何人かの本学教員が自主的に、四月中に原発事故問題や、これからの社会の在り方をめぐる議論の場を、キャンパスの内外で開いた。私自身、大学で自主授業を数回開講し、震災や原発事故をめぐるそれぞれの経験の共有する場を持った。併せて、自分が運営にかかわる見沼田んぼ福祉農園（埼玉）の仲間と、放射能汚染についての基本的な情報の共有の場を持ち、今後の営農活動をどうしていくのか議論した。ここにも、明治学院大学の学生（および卒業生）が参加した。農園については自分たちで空間線量の測定を行い、活動の継続を決断する一方で、埼玉県内を含めた東日本の広い範囲のお茶から高いセシウム量が検出されたことをうけて、一年前から行っていた農園内のお茶の加工は見合わせた。

「雪が降って、ミツバチが死んだ」

ＰＲＩＭＥ所員は、福島やその周辺地域での調査を始めた。私は六月から、福島市、川俣町を中心に、もともとかかわりのあった農家や、震災以後の動きで知り合った放射能から子どもを守る活動をしている人々のところを回った。

その中で、菅野浪男さんと出会った。菅野さんは、福島県川俣町山木屋地区に住む画家であり、川俣町が廃校を活用してつくった羽山の森美術館の運営ボランティアであり、元酪農家でもある。自分で作品をつくるだけではなく、絵の指導もしている。川俣町の市街地で生まれ育ち、高校時代から美術部で絵筆を握った。東京の大学に進学し、そこで有機農業をはじめとする様々な農業運動に出会い、そして卒業後各地を研修した。そして地元川俣町の実家からはずいぶん離れた場所にある山木屋地区の国有地の払い下げを受け、そこに牧場を開いた。川俣町山木屋地区は海抜五〇〇メートルの高地にあり、戦前は冷害が頻発する地域だった。戦後、人々は山の間に牛や鶏を飼い、イチゴやトルコキキョウや菊など

菅野さんの家に住んでいたニホンミツバチの亡骸。

の花や、葉タバコを育てて生活してきた。

　最初は、経営はなかなか軌道にのらなかった。それでも菅野さんは粘り強く、採草地に牛の糞を堆肥として投入しつづけた。やがて、良い牧草が育つようになり、それから牛たちが良い乳を出すようになった。一〇年経つころには経営は安定した。菅野さんは規模の拡大はせず二〇頭の牛に限定し、借金して大きな機械を入れることもなく、適正規模の経営に努めた。家も、畜舎も、家族や仲間の力を借りながら建てた。テーブルやいす、棚の一つひとつも菅野さんの手作りである。牛ばかりではなく、羊も飼って、その毛を刈って子どもたちのセーターも毎年二枚ずつ編んだ。規模拡大しなかったおかげで生まれた余暇の時間に、菅野さんは絵を描き、子どもたちのために絵本をつくった。四人の娘は成長し、それぞれ自立していった。

　この場所を終の棲家と定めて庭の整備を始める日々に、地震が起こり、原発事故が起こり、本来は春を告げる南東からの風が放射能を運んだ。そして四月下旬、飯舘村と同様に計画的避難区域に指定され、三六〇戸一二六〇人が五月から避難を余儀なくされた。菅野さんの家は、山木屋の南東、浪江町との境界に位置する。山木屋の中でも、特に放射能に汚染された地域である。

　菅野さんの家の軒下には、ニホンミツバチが住んでいた。三月一八日、そのミツバチが全滅した。一方で、桜の木の枝にぶら下げられた巣箱のミツバチは死ななかった。同じことは、菅野さんの近所の農家でも、浪江町の知り合いの農家でも起こった。寒さを理由にミツバチが全滅したことは、菅野さんのこれまでの経験にはなかった。

菅野さんは、放射能の汚染が原因ではないかと考えた。亡骸を農林水産省に持っていった。しかし、放射能との因果関係は確かめられないとされた。地元紙の記者に言っても、科学的な根拠の確かめられないことは書けないと言われた。

そんな中で、菅野さんは絵を描いた。その作品に、「雪が降って、ミツバチが死んだ」という題名をつけた。

「生きるための必需品」としての知に向かって

菅野さんの感じとった「異変」は、行政もマスメディアも「事実」として受け止めることはできなかった。確かに「科学」的な証明はなされていない。しかしだからといって、これを菅野さんの勘違いとして片づけられるとは、私には思えない。菅野さんの絵は、自然の中で生きてきた人が、自分の暮らしを奪う、見えない、聴こえない、感じられない放射能がもたらす暴力を自然の中に読みとり、それを科学のやり方とは別の形で表現し、伝えようとしている「野生の思考」のように私には思える。

栗原彬は、原子力災害の中で生まれるアートについて、生き方を自己呈示するものとして次のように整理する。

放射能の中での生存をめぐって、さまざまな生き方の自己呈示があった。人は、どこまでも続く白昼夢から一瞬でも救い出されて、未来の自分・日常性に再会したり、世界とのつながりを確証したり、悪い夢の正体を可視化しようとする。そうした見えないものを可視化して生き方を自己呈示する媒体をアートと呼ぶことにしよう。アートは三・一一以前から生きるための必需品としてあった。放射能が恒常化する生活世界で、アートは転生していく。

（栗原彬「福島で遭遇する二つのラッキードラゴン─放射能下のアートの転生」栗原彬ほか編『3・11に問われて─ひとびとの経験をめぐる考察』岩波書店、二〇一二）

菅野さんの絵は、世界とのつながりを確証し、原子力災害や放射能といった「悪い夢」の正体を可視化するという意味で、生きるためのアートであった。

今、大学という場所が生み出す言葉は「生きるための必需品」となっているのか。菅野さんの絵は私たちにそうした問いを突きつけている。

「生きるための必需品」を生み出すのは、菅野さんの読みとったミツバチの死を無意味なものとする科学＝知ではなく、原発事故の一連の出来事の中で専門性の蛸壺に逃げることなく、山木屋の無数のミツバチの死の意味を読みとる、新しい知の枠組みである。不確実なものに身を晒しながら、小さな声に耳をすますこと、そのバラバラな断片をつなぎ合わせながら知なるものを丁寧に紡いでいくこと、それによって自ら大学と社会の間につくってしまった壁を、そして学問分野間の壁を越えること。

そんなことを、福島から地続きでありながら、あまりに巨大な組織となった大学の見かけだけ美しいキャンパスの中で思う。

9 シャプラニールの震災支援活動
――外部支援者としての経験から考える国際協力NGOの役割

小松 豊明
（シャプラニール＝市民による海外協力の会
震災救援活動担当）

はじめに

シャプラニール＝市民による海外協力の会（以下、シャプラニール）は、バングラデシュやネパールといった南アジアの国々で貧困削減を目的とした活動を実施する国際協力NGOであるが、二〇一一年三月後半から福島県いわき市にスタッフが駐在し、東日本大震災被災者の支援活動を続けている。これまでも、地震や洪水など海外の活動地域で自然災害が発生した場合には、必要に応じて救援活動を行ってきたが、日本国内での直接的な救援活動の実施はシャプラニールにとって初めての経験となった。

活動開始に当たっては、限られた資金とマンパワーの中で、本業である海外協力活動との両立が可能なのか、放射能の問題にどう対処するのか等、慎重な意見もあり検討が重ねられた。最終的には、資源的に多少の無理はしてでも、何もしないわけにはいかないだろうという認識で一致し、放射能対策も含めスタッフ一丸となって準備が始められた。

本章では、我々が福島での支援活動を開始した経緯とこれまで行ってきた活動を振り返りながら、外部からの支援者として直面した困難や課題、国内の災害対応における国際協力NGOの役割、あるいは今回の取り組みが今後の自身の活動に与える影響といった点について考察する。そして、現在も避難生活を余儀なくされている多くの被災者の方々の現状と被災地における課題について、読者へ伝えることを目的とする。

一　緊急救援活動の開始

活動実施の決定

三月一一日午後二時四六分。シャプラニール東京事務所のスタッフは、それぞれの場所でその時間を迎えた。事務局長ほか数名はバングラデシュへ出張中。筆者は午後半休をとって娘の小学校で卒業を祝う行事に出席していた。午後六時過ぎ、スタッフ、役員の安否確認のためのメーリングリストが立ち上げられ、翌一二日の午前中には全員の安全が確認された。数日間の自宅待機の指示が出たものの、スタッフの中から「これだけの被害が出ているのに家でじっとしているのはつらい。動けるスタッフだけでも始められることはないか」といった提案が出され、それと前後して他団体の動きなど、メーリングリスト上での情報収集と共有が始まった。そして、一三日には出勤可能なスタッフを中心に事務所での作業が始まり、同日午後「被災地で活動する団体へ寄付する」ことを前提としてウェブサイト上での募金を開始した。

一五日には基本的な業務を再開し、事務局長も出張を終えて帰国。そして一六日、スタッフがほぼ揃ったところでチーフ会議が招集され、震災への対応が協議された。その場で、緊急救援活動を実施するという意見が出され、まとまりかけたものの、「本来事業である海外協力活動を継続しながら、緊急救援などできるのか。そのためのマンパワーや資金をどう確保するのか」といった懸念が残された。その後緊急の事務局会議が開かれ、スタッフ全員の意見を聞くことにした。皆「何かしなければ」という思いは強く、強硬に反対する者はいない一方で、国内での支援活動の実施はこれまで経験がないことに加え、普段から限られた資金とマンパワーで活動を進めている現状から、やはり「本当にできるのか」「誰が行くのか」という心配の声が上がった。しかし最後には、誰かが言った「困難はある。それでも、このまま何もしないというわけにはいかないだろう?」という一言で皆納得し、海外での緊急救援の経験がある駐在経験者二名が現地へ向かうことになった。その穴を埋めるための人員の補塡、異動についても話し合われ、それぞれが戸惑いと不安を抱えながらも、急きょ準備作業に入った。

北茨城、そしていわきへ

準備段階として、まず支援対象地域の選定、車両の手配等の作業が進められた。各地の被災状況、および他NGO、日本NPOセンターなどに問い合わせ、支援団体の動きを調査した結果、津波の被害が少なからずあったものの、被害の規模が岩手や宮城に比べて小さかったせいか、福島や茨城へ支援に入る団体がほとんどないことがわかった。そのため、我々はまず茨城へ向かうことにしたのである。

本部事務所がある東京でも車両や燃料の手配、物資の購入にも事欠く状況の中、スタッフ総出で店を

トラックへ物資を積み込んでいるところ。

回って食糧や生活用品を買い集めるとともに、関係のある企業やスタッフの地元のスーパーなどに協力を求めた。ようやく車両二台を確保し、積めるだけの物資を積み込み、スタッフ三人で東京を出発したのが三月一九日であった。

最初の目的地は福島県境の北茨城市。元々交流のあった茨城のNPO中間支援組織「コモンズ」からの紹介で、北茨城市のNPO法人が救援物資の集積を始めたという基地へ向かった。通常、高齢者向けの福祉事業を行っている「ウィラブ北茨城」は、完成したばかりのミーティング用ログハウスを開放し、全国から届けられる支援物資の集積基地を設けていた。我々はそこに積み込んできた支援物資の半分を降ろした後、残り半分を、同じように北隣の福島・いわき市内に設けられた物資の集積基地へ届けた。

北茨城では、まず無造作に置かれた物資の計数と仕分け作業から始めた。同時に、市内にある高齢者や障がい者向けの福祉事業所を中心に要望や希望に関する聞き取りを行って、その結果を集計して配分するという作業を行った。市内数カ所に設置された避難所への物資の配送も行い、それぞれの様子を見て回った。こうした作業を三日間行った結果、市内の避難所や施設へはある程度支援物資が行き渡っていることが確認できたため、さらに被害の大きいいわき市へ向かおうと判断したのである。

緊迫度の違い

三月二二日に再びいわき市へ入り、まずは情報収集のため市の災害対策本部を訪れた。消防署の数フロアを占有する形で臨時に設けられた災害対策本部では職員が走り回っていて、誰に話しかけてよいかもわからない緊迫した様子に、我々は一瞬たじろいだ。ようやく対応してくれる職員をつかまえ、市内の被害状況が記された日報をもらうのが精一杯だった。

いわきでの最初の活動として、福島県のNPO中間支援組織である「うつくしまNPOネットワーク」が工業団地内に設けた救援物資の集積基地で、全国から届く物資の搬出入を行うことになった。一九日の時点で我々が東京から運んできた物資を搬入した時には、倉庫内にほとんど物はなく、後日担当者から「電撃的な物資搬入」と評されたが、二二日に再び訪れた際には、毎日一〇トントラックで大量の物資が次々と運び込まれる状態で、倉庫はどんどん埋め尽くされていった。シャプラニールが仲介し、企業等から提供された水や衣料品などもこの倉庫へ運び込まれた。ここでは、地元青年会議所のメンバーなど毎日たくさんのボランティアが力を合わせて大量の物資をさばき、市の救援物資基地では対応できない、施設ごとの細かな要望に対応した。また、東京から来る炊き出しボランティアのコーディネーションなども一部行った。この時期、福島第一原子力発電所の事故の影響で、女性と子どもが市外、県外へ避難し、男性だけが残っているという状況であった。さらに職場もしばらく休業状態のところが多かったため、それまでボランティア活動などしたことがないという地元の男性が数多く集まっていた。

二五日までこの倉庫に寝泊まりしながら活動を続けた我々は、その後の活動方針について協議するため、一旦東京へ戻ることにした。東京事務所では、現状を確認した上で、いわき市での活動を継続することを決定。実際に何を行うかについては、地元との協議が必要であるという認識から、三月二七日に改めていわきを訪れ、市役所や社会福祉協議会などを訪問した。その際、地元のＮＰＯが中心となり災害ボランティアセンターを立ち上げようという動きがあることを知ったのである。

二　復旧支援、そして生活支援へ

災害ボランティアセンターの運営

かつての阪神淡路大震災で、ボランティアの存在が大きくクローズアップされた。家の片付けやがれきの撤去、避難所の運営といった救援・復旧作業を手伝うために全国からたくさんのボランティアが被災地に集まる。それぞれが勝手に動き回っては収拾がつかなくなるので、ボランティアをとりまとめる役割を果たすのがいわゆる災害ボランティアセンター（以下、ボラセン）である。特に新潟・中越地震（二〇〇四年）の後、大きな自然災害が発生すると各自治体に施設されている社会福祉協議会（以下、社協）が中心となってボラセンを立ち上げ、復旧作業に当たるという体制がつくられてきた。

三月中は受け入れ態勢がまだ整っていなかったため、市外からのボランティア受け入れにはストップがかかっており、いわきではまだ実質的な片付け作業が始まっていなかった。そんな状況の中、普段はまちづくりの活動を行っているＮＰＯ法人「勿来まちづくりサポートセンター」が中心となって、いわき市最南部の勿来地区でボラセンを立ち上げることになり、炭鉱の町同士というつながりから、山口県の宇部市から災害対策の専門職員が派遣されることになっていた。シャプラニールも資金の提供を含めて運営を手伝うことになった。

四月二日、勿来の各区長をはじめとした地域住民の代表者に呼びかけ、ボラセン立ち上げに関する意見交換会が行われた。その中で住民側から様々な意見や感想が出されたが、必ずしも好意的なものばかりではなかった。なかには、「ボランティアも泥棒も大した変わらないと思っている人も多い」といった否定的な意見もあった。また、ボランティアが想定以上に多数集まった場合、対応が難しくなる可能性があるとの主催者側からの説明に対し、「あんたたちはボランティアとやらがたくさん来るとか言っているが、そんなに簡単にいくのか。自分たちはいわきに残っている親戚を掻き集めてようやく人手を確保でき、家の片づけをやっている。人の家の片づけのためにそんなに人が集まるわけがない」と懐疑的な意見を述べる出席者もいた。

それでも、ボラセンを開設することについてはなんとか地元の了承を取り付け、大急ぎで資機材の手配など準備を進めた。四月九日に「勿来地区災害ボランティアセンター」が正式に活動を開始し、私を含めシャプラニールのスタッフは主にマッチング（家の片付けなど、被災者から寄せられた要望を整理し、必要な人員・資機材を充当し派遣する作業）を担当。ボランティアと作業のマッチング、ボランティアに対するオリエンテーションなどを行った。

ボラセンの運営を開始してから一番の懸念は、一カ月もしないうちにやって来るゴールデンウィークであった。休みを利用して全国からたくさんのボランティアがやって来ることが想定されたからである。受け入れる側もほとんどが地元のボランテ

ボランティアによる被災家屋の片付け。

ィアで、皆初めての経験である。それでも、多い日で約三〇〇人のボランティアの受け入れをなんとかこなしていった。

ちなみにこのボラセンは、地元の有志によって立ち上げられ、多くの地元ボランティアの力で運営された数少ない例の一つとして、今後の参考事例になるのではないかと考えている。

なお、四月一九日にはいわき市南部の港町、小名浜地区でも同様にNPO法人ザ・ピープル（以下、ピープル）が中心となって「小名浜地区災害救援ボランティアセンター」を立ち上げた。ピープルとは以前からのつながりもあり、シャプラニールはそちらの運営にも携わることになる。

また、五月二二日からは震災対応のための短期雇用スタッフが新たに加わり、いわき市の社協が運営する「いわき市災害救援ボランティアセンター」へそのスタッフを派遣した。全国の社協などから応援スタッフが派遣されていたが、その多くは一週間単位で交代するため、ようやく仕事を覚えた頃に帰らなければならず、また次の人へオリエンテーションを、という状況であった。そのため、我々からのおよそ三カ月間にわたる継続した人的支援は、センターの円滑な運営に多少なりとも貢献したものと考えられる。

がれきの撤去や側溝の泥かきなど、ボランティアの人手が必要な片付け作業はほぼ終了したという判断で、勿来地区災害ボランティアセンターは五月二〇日で活動を終了した。同様に、小名浜地区災害救援ボランティアセンターといわき市災害救援ボランティアセンターも、八月八日から「復興支援ボランティアセンター」と名称を変更して、被災者の生活支援活動を中心に行っている。

生活支援プロジェクトの実施

いわき市では、空いている雇用促進住宅や民間のアパートを仮の住居として被災者へ提供することとし、四月上旬までに希望者からの申請を受け付けた。申請者数は二〇〇〇を超え、四月下旬からこうした一時提供住宅への入居が始まった。

その際、日本赤十字社からはテレビ、冷蔵庫、電子レンジといった家電六点セットが提供され、市からも布団や食料品などが支給された。もちろんそれだけでは生活はできず、さらなる支援が必要と考えられた。このため、市の災害対策本部と協議を重ね、シャプラニールから生活再開のための一助として鍋や包丁といった調理器具のセットを届けることになった。

調理器具セットを届けたところ。

そのために事務所や倉庫の手配、あるいは配送やその電話受付に要するスタッフの雇用などを大急ぎで行った。倉庫と配達用の車両は今回の震災に際して積極的に支援活動を行っていた「パルシステム福島」から無償で提供を受けることになった。

あとは、肝心の調理器具の調達である。数百から一〇〇〇件程度の数を想定して調達先を探したのだが、それだけの数を短期間で揃えられる業者はなかなか見つからない。ちなみに、海外での緊急救援活動において我々が原則としていることのひとつが「現地調達」である。外部で調達した支援物資を被災地へ持ち込んで配布するほうが簡単な場合が多いが、無償の物資の大量流入によって地元の経済へ悪影響を与える恐れがあること、または輸送経費が無駄になるといった理由による。今回も、人のつてを頼ってなんとか地元企業からの協力を得られることになった。

そして、五月九日から電話受付を、五月一六日に配送を開始した。多い時には一日五〇件近い電話を受け、結局七月一三日の受付終了までに九五〇件の申し込みがあり、七月まで配送作業を続けた。

この調理器具の配達先に、前述の「ボランティアなんかそんなに来るのか」と訝っていた住民がいた。たまたま筆者が配達したのだが、「あの時はあんな風に言ったが、実際にたくさんのボランティアが来てくれて、本当に助かった。ありがとう」と言ってくれたのがとても印象的であった。

被災者の声を聴く

調理器具を届ける際に心掛けたのは、被災当時の状況や現在の様子等についてできるだけ話を聴くということである。「誰かに話を聞いて欲しい」という欲求もあっただろうし、具体的な困りごとや要望も数多くあった。その中で我々が対応できるものについては対応したが、もちろんそうではないもののほうが多く、適当な行政機関の窓口を調べて伝えたり、他の組織へつないだり、といった形で対応した。

調理器具の配送時に聞き取った内容、およびその後実施した物資の無料配布会に来た人の声などから、以下のようないくつかの共通した問題点、課題が浮かび上がってきた。

一、コミュニティの分断――出身地域に関係なくバラバラに一時提供住宅への入居が進んだため、それまで強い結びつきのあったコミュニティが分断されてしまった。

二、土地勘がなく、周囲に知り合いもいない――特に民間の借上げ住宅で独り暮らしをしている

交流スペース「ぷらっと」の普段の様子。

高齢者などの場合、周囲とのつながりが薄く、孤立しがちである。

三、交通手段（買い物、通院、通学の不便さ）――車がなく移動に困難を感じている世帯がある。また、子どもたちの通学の際の送迎が保護者にとって大きな負担となっている。

四、情報不足――必要な情報が全く届かない、と感じている世帯が大半を占める。

五、仮設住宅、雇用促進住宅への支援の集中――民間の借上げ住宅入居者の多くが「仮設や雇用促進には様々な支援が届いているようだが、自分たちに対してはほとんど何もない」と強い不公平感を抱いている。

六、先の見えない不安――地元に戻れるのかどうか、雇用の問題など。

こうした問題に対して我々に何ができるのかを考えた結果、一〇月九日からいわき駅前の商業施設ラトブの二階で、被災者のための交流スペースを開設した。民間の借上げ住宅に入居している高齢者を主な対象者と想定し、誰でも気軽にいつでも立ち寄れる、コミュニティセンターのようなスペースを目指したのである。その機能は、被災者の居場所、情報センター機能、相談窓口であり、利用を促進するための工夫として、手芸教室や簡単な健康診断などの企画も用意することにした。

開設当初、日々の利用者は平均約二〇名だったが、徐々に増え、一日平均三〇名ほどになり、常連の利用者も少しずつ増えていった。当初「被災者のための交流スペース」として始まったが、利用者から愛称を募集し「ぶらっと」という名前になった。これには、みんながぶらっといつでも気軽に立ち寄れる場所にしたい、という想いが込められている。

利用者のひとりは「津波が来る前は堤防へ行けば話し相手に困ることはなかった。ところが避難先のアパートでは知り合いもなく、テレビを観るか酒を飲むくらいしかすることがない。この交流スペースが出来て、本当に良かった」と言う。また、相双地区（南相馬市・双葉郡地域）からの避難者同士が久しぶりに交流スペースで再会、という姿もよく見かける。利用者同士が仲良くなったり、手芸教室の先生役になったり、といった動きも出てきている。

もうひとつの特徴はボランティアの存在だ。利用者の話し相手や発送作業、情報紙の制作などを沢山のボランティアが担っている。なかには、相双地区からの避難者が「自分も他の被災者のために何かしたい」とボランティアに申し込んでくれたケースもある。常勤スタッフの他、利用者やボランティアが毎日入れ代わり立ち代わり出入りし、とても賑やかな交流スペースとなっており、日々様々な出会いがある。

ラトブとの契約が二〇一二年三月で終了したため、四月からは、やはりいわき駅近くのイトーヨカドーに移転し、運営を続けている。

三　被災地の現状とこれからの課題

以上のように、手探りを繰り返しながら状況の変化に応じて被災者の支援活動を進めてきたが、復興の道のりは険しく、被災した人々が普通の生活に戻るにはまだまだ長い時間を要する。今、何が課題となっていて、今後我々は何をしなければならないのだろうか。各自治体が行った住民の意向調査、「ぶらっと」利用者の声などから考えてみたい。

双葉郡の各自治体では住民を対象とした意識調査を実施しているが、そのうち比較的最近実施された浪江町と富岡町の調査結果から、以下のことが読み取れる。（詳細は次頁資料「浪江町・富岡町の住民アンケート調査結果（抜粋）」を参照）

- 働きたくても仕事がない、事業を再開できていない人が一定割合いる（特に女性に多い）。
- 賠償問題に不安を抱える人が非常に多い。
- 支援の不平等を感じている人が多い（特に借上げ住宅入居者）。
- 約三割の町民が戻らないと考えている。
- 当面の居住地をいわき市に求める人が多い。
- 新しい土地での生活を進めるために自分の土地や家屋の買取・賠償問題の早期決着を望む人が多い。

資料　浪江町・富岡町の住民アンケート調査結果（抜粋）

●浪江町「復興に関する町民アンケート」

（2011年11月実施。配布数18,448件、回収数11,001件／59.6%）

1．住居種別

- 自治体の借上げ住宅51.3%、仮設住宅22.2%、自己負担7.1%、親戚・知人宅5.4%
- その他として、避難所（公営住宅、ホテルなど）、寮・社宅、特養など

2．就労・就学

- 現在就労している31.1%、就労したいがしていない25.7%、現在しておらず今後もする気はない31.3%、就学している5.5%（※20～50代の男性に限ると「現在就労している」が6割前後、「就労したいがしていない」が3割強。同世代の女性では、前者が2～3割、後者が5割前後。女性の就職状況が厳しいことが伺われる。尚、就労していない理由として、「失業保険を受給している」は9.3%、「賠償金を受け取っている」は0.7%と少ない）

3．避難生活での困りごと（複数回答）

- 賠償に不安がある58.7%、放射線の影響が心配35.1%、生活資金が不足している34.3%、家族が離れて生活している32.5%、居住環境が不十分28.7%、健康に不安26.7%、近くに話し相手や知人がいない26.0%、生活に関する情報が不足16.6%
- その他の記述：先が見えないことへの不安やストレス、支援の格差、教育環境への不安、など

4．帰還の意思

- 放射線量が下がり、上下水道など生活基盤が整備されれば戻る15.7%、（左記に加え）他の住民がある程度戻れば戻る43.5%、左記条件を踏まえても戻らない32.9%（※戻らない理由としては、放射線量の低下が期待できない、生活基盤の復旧・整備が困難、仕事の確

保が困難、などが多い）

5．居住地（戻らないと回答した人への設問。国や県が居住地を用意する場合どこに住みたいか）

- 福島県内の浜通り25.7%、中通り10.8%、会津1.5%、県外12.8%、用意されたところではなく自分の住みたいところに住む36.3%

6．その他（自由記述で多かったもの）

- 仮設住宅に関する不満。狭い、寒い、駐車場不足など（54件）
- 就労支援および生活基盤の確保をし、早く元の生活に戻りたい（39件）
- 避難生活は全く先が見えず不安、生活の見通しが立てられない（31件）
- 一時立ち入りに関して、自由に出入りできるようにしてほしい（39件）
- 住居の種別にかかわらず、平等に支援してほしい。他の自治体より支援が少ない（203件）
- 町からの情報、広報について、速やかに情報発信して欲しい（46件）
- 避難生活はストレスがたまり、不安が募る。家族一緒に暮らしたい（43件）
- 土地や建物の賠償を進めて欲しい。新しい土地での生活ができない（229件）
- 個人での賠償請求は限界がある。町または郡単位で弁護団を結成すべき（35件）
- 早急な除染が必要（187件）
- 町内全域の除染は不可能。膨大な経費と時間を他に使った方が良い（142件）

●富岡町「富岡町災害復興ビジョンに関する意向調査」

（2012年1月11日までに役場に届いた3,184件を集計）

1．避難先

- いわき市1,030人、郡山市756人、三春町111人
- 自治体の借上げ住宅1,910人（60%）、仮設住宅504人（16%）、自

己負担202人（７％）

2．帰町意向

- 放射線が下がり、上下水道等の生活基盤が整備されれば戻る16%、（左記に加え）他の町民がある程度戻れば戻る44%、左記を踏まえても戻らない34%、警戒区域等が解除されれば戻る４%

3．当面の居住地

- 福島県内50%（いわき市1,135、郡山市134）、福島県外６%、用意された土地ではなく自ら見つけた居住地に住む27%

4．不安に思うこと（複数回答）

- 補償や賠償の内容が明確でない2,347人、帰町時期がわからない2,052人、放射線の影響が心配1,788人、除染の実施時期や効果がわからない1,696人

5．自由記述

- 除染について：山林なども徹底的にやって欲しい／どうせ無理だからお金を無駄に使わない方が良い
- 原発抜きの産業復興は現実的に難しい／原発に依存せず企業誘致などをしてほしい
- 町の復興は町単独では難しい。市町村合併すべき
- 復興ビジョンの取り組み方針に基づき、具体的に何をどのような工程で実施するのか
- 絶対に帰らない／早く帰りたい

また、交流スペース「ぶらっと」では利用者の声を記録しているが、最近、複数の利用者から聞かれた主なものを以下に抜粋する。

- やることがない、暇な時間が苦痛。
- 一時提供住宅の部屋が狭い、気が滅入る。
- 趣味ができない、やる気が起きない。
- 最近また悲しい感情が沸いてきた、色々考えてしまう。
- 独り暮らし、友達がいなくて淋しい、引きこもっている。
- 畑仕事をしたい。
- こういうスペースがあってよかった、ほっとする。
- 除染の仕方を知りたい。
- 地元の人に会いたい。

以上、記録されているものは毎日聞く話の一部であるが、独り暮らしの孤独感や先の見えない不安など、精神的な問題を抱えている人が多いことがわかる。住居に関する不満や不安を口にする人も多い。現在いわき市で行われている支援活動に関する情報を総括すると、以下のような状況となっている。

①行政、社協、NPO、ボランティアグループなど様々な主体が避難者への対応を行っているが、ほとんどが応急仮設および雇用促進住宅を対象としており、多数を占める民間の借上げ住宅の居住者が取り残される形となっている。これは個人情報の壁もありどこに避難者がいるかわからない、地域的に散在しているといったことに起因する。

②精神的なケア——多数の団体が相談窓口を設けているが、ほとんどが電話相談であり、元々いわき市には精神科や心療内科を持つ医療機関が少ないこともあり、直接面会して相談できる機会は限られている。

③住宅支援の計画はいくつかあるが、いわきではそもそも流通する物件がほとんどないこと、自分の土地の取り扱いが決まらないために新築や購入に踏み切ることができないといった状況がある。

④雇用確保、産業復興に関して主に行政が様々な制度を設け、雇用の促進を図っているが、長期的な雇用を生み出すところまでは行っていない。特に大きな打撃を受けている農林水産業の復興に関しては、放射能問題の壁が高く、それぞれ様々な取り組みがなされているものの、先行きは全く不透明なままである。

⑤子どもの遊び場が不足しているという声をよく聞くが、いわき市内で子どもたちがのびのび遊べる場所や機会（屋内）が少ない。昨年商業施設「ららミュウ」に設置された屋内遊び場も連日混雑し、時間制限がされるほど。

⑥「マスコミで取り上げられる機会が減っている」「遠く離れた都心に暮らす人々はすでに震災のことなど忘れているのではないか」など被災者の中から震災の記憶が風化していくことに対す

る懸念の声も出てきている。

以上の分析から、シャプラニールとしては以下の二点を柱とした取り組みを今後行っていこうと考えている。

その1――避難者の生活支援

交流スペースの運営を中心とした、避難者の生活支援。いわき市における避難者のうち七割が民間アパート等の借上げ住宅に入居しているが、応急仮設や雇用促進住宅に比べて、入居者の情報が手に入らないこと、入居者が広範囲に点在することなどから支援の手が届きにくい状況となっている。これまでの経験から、やはりこの部分に注力する必要性を感じているが、こうした支援がまだ手薄な地域もあり、今後対象地域を広げること、地元の組織（ＮＰＯ、行政、社協）との連携をさらに強めること、そして大半を占める相双地区からの避難者支援においては、その出身自治体との連携を図ること等に留意する必要がある。

現在、定期的にいわき市役所の担当部署、社協、地元ＮＰＯなどが参加する連絡会議が開かれ、情報共有を行っているが、情報を共有するにとどまらず、課題を共有し復興へ向けた協働を促進する動きを作っていく必要があると考えている。また、避難者世帯の大多数を占める相双地区の人々については、いわきに避難している人々の個人情報が公表されていないことはもちろん、それぞれの出身自治体の動きもはっきりとは把握できておらず、支援側も手が出せない状況にある。各自治体との関係性づくりを進め、協働の可能性を探っていかなければならない。

これまでは基本的にこちらからのサービス提供が中心だったが、今後は被災者自身の主体的な取り組みを促すような工夫をしていくことも必要と考えられる。カラオケ好きの被災者同士が他の人々へ呼びかけてカラオケ大会を開催したり、手芸教室参加者がサークルとして活動を継続したり、といったケースも出てきており、そうした動きを支える役割を意識して果たしていきたい。

また、避難が長期化するにつれ深刻化する精神的な問題、子どもの遊び場の確保といった課題にも取り組まなければならない。

その2――情報発信および市民交流

震災の風化を防ぎ、被災地の現状を伝えるために、被災地ツアーを継続的に実施する。実際に被災地の状況を見て、被災者の声を聴くことで震災についての理解を深める機会を提供すると同時に、宿泊あるいはお土産を買うといった購買活動により、わずかではあるが地元経済活性化へ貢献する。二〇一二年二月に「Feel いわき」というタイトルで一泊二日のツアーを実施し、約二〇名が参加した。津波の被害に遭った地域を訪れ、被災者からの声を聴き、ボランティア作業を通して被災地の現状を直に感じてもらう機会となった。このツアーは大変好評であり、是非また参加したいという声も多かった。前回参加者の協力も得ながら、企画を進めていこうと考えている。

また、被災地の現状や支援活動に関する情報発信の拠点を、首都圏に設置することを検討する。今も厳しい状況が続く被災地の現状や要望を支援者に伝える役割を果たす、被災者支援を目的としてつくられている製品を集めて販売を行う、首都圏に避難している被災者が集まる場あるいはボランティアが活躍する場をつくる、など様々な機能が考えられる。

現在も、被災地の状況は日々刻々と変化している。その状況により新たな課題・要望が浮かび上がってくることが想定される。右の柱に沿って活動を進めつつ、そうした新たな要望に対応していく柔軟さが求められるだろう。

我々が被災地に駐在しながら活動を続けるには、資金的にもマンパワー的にも自ずと限界がある。同時にいつまでもそこに止まるべきではないという見方もある。地元のＮＰＯや社協などは、長期化するであろう復興支援の取り組みは、地元にいる自分たちが担わなければならないという覚悟がすでにできているようだ。そのために、ＮＰＯのネットワークを組織化し、強化していこうという動きもある。我々としては、そうした地元の人々のイニシアティヴを後押しする役割が果たせれば、と考えている。

四　国内災害における国際協力ＮＧＯの役割

最後に、被災地にとっての外部組織として支援活動を行ってきたこれまでの経験を振り返り、どのような困難や課題に直面したか、そこから得られた教訓についてまとめる。それを通して、国内の大規模災害における国際協力ＮＧＯの役割や、今回の経験が今後のシャプラニールの活動に与える影響、といった点について考えてみたい。

直面した課題

今回の被災地支援はシャプラニールにとって初めての国内における支援活動であった。これまで海外での緊急救援活動は数多く経験してきたものの、その経験を直接活かせたわけでは必ずしもなかった。

先にも触れたが、通常、救援物資の調達においては現地調達を原則としている。しかし、今回は被災地での調達はおろか、日本国内での調達も困難を極めるという状況であったため、特に飲料水の確保に当たっては、海外からの支援も大量に受けることとなった。それでも、一時提供住宅入居者への物資提供の段階では、地元企業から調達することができた。

また、海外の現場でも行政との連携は図るものの、それに縛られるということはあまりない。しかし日本国内での支援活動では、外部から支援に入った団体として勝手に動くことは難しく、常に行政や社協との連携を優先して考える必要があった。そのため、行政各機関との信頼関係づくりには相当の時間と労力を必要とした。特に最初の数カ月間は、正直これまでの人生の中で、これほど胃の痛くなるような思いをしたことはないというほど、緊張の連続であった。

いわき市には多くのNPOがあり、その中間支援組織も存在する。そのうち数団体は震災後の支援活動を積極的に行ってきたが、元々行政とNPOの協働の素地がない地域において、緊急時の対応に関してNPOが行政や社協とがっちり手を組むことは、非常に困難なことであった。NPO側がいくら積極的に動こうとしても、これまで事業の委託先という程度の関係でしかなかった相手を行政が信頼し、支援活動の一部でも任せる、という体制にはなかなかならない。況や、我々のように要請されたわけでもなく突然やってきた「NGO」と呼ばれる外部者に及んではをや、である。

なお、苦労したのは行政との関係性だけではない。スタッフを派遣したボラセンでは「シャプラニールは何をしたいのかわからない」「スパイを派遣しているのではないか」といった疑念を持たれ、他のNPOからは「寄付や会員を集めにやってきた宗教団体」「地道に集めたものを被災者へ届けようとしていたのに、突然やってきて大量の物資配布なんかして…」といった誤解や批判の声もあったと間接的に聞くこともあった。こうした疑念や誤解は全くこちら側のコミュニケーション不足のせいであり、反省するしかないが、現場で活動を進めることの難しさというものを身をもって体験できたのは、今考えると大きな意味があったと思われる。

我々国際協力ＮＧＯが活動する現場においては、我々は常に外部者としての関わりを余儀なくされる。海外における現地パートナーとの関係も、ほとんどの場合がそうである。今回の被災地支援の現場では、こうした外部者を受け入れる側が抱く不安、不信、期待といった様々な感情を、そしてそこから出てくる様々な反応を直接感じ、経験することができた。それによって我々は、我々が気を付けなければならないこと、壁にぶつかったときの対処の仕方など、非常に多くのことを学ぶこととなった。

次へ活かすために

すでにいくつかのＮＧＯは今回の震災以前から国内の自然災害に対応するためのネットワークに参加し、支援制度をつくり上げている。今後は他の国際協力ＮＧＯも、いざという時のために、国内での支援活動においてもコーディネーション機能を果たせるような仕組みを整えていく必要があろう。また、我々自身、ＮＧＯの存在を地方行政や関係機関に知ってもらうための努力を積み重ねていかなければならない。そのためには社協のブロック派遣のように、各ＮＧＯ同士で担当地域を割り振っておき、普段から自分の担当地域の行政機関や地元ＮＰＯとの関係づくりを進めていくといったことも必要になるかもしれない。

特に今回の震災では、行政や社協自体が被災したために迅速かつ充分な救援・支援体制が整わず、また原発事故においては住民の世界的な流動化が進んだために住民との連絡さえ難しいという特異な状況が発生した。そのため、単独の行政主体だけでは対応が困難なことは明らかであったが、それを補完すべく動き出した民間組織との協働が思うように進まず、互いに余計な労力と時間を要したのは不幸なことであったと言わざるを得ない。

すべては、千年に一度といわれた想定外の巨大災害によって引き起こされた事象であり、いちいち重箱の隅をつつくような細かな検証は必要ないと思われるが、東海地震や首都直下型地震など、いつ次の大災害が発生しないとも限らない状況の中で、今回の経験から学ぶべきことをきちんと整理し、次へ活かす努力を積み重ねていかなければならない。その意味では、各自治体においても、災害対応に際して行政機関や社協だけではなく、自治体内外の様々な組織・個人が緊急救援ないしは復興支援活動に参加することを想定し、コーディネーション体制の構築、あるいは民間組織との協働の仕組みづくりを是非進めてもらいたいと考えている。

「現地パートナー」としての経験

通常の活動でも緊急救援においても、海外の現場においては我々日本人が直接物資の手配や配給を行うわけではなく、必ず現地のパートナーを通じて実施する。しかし今回の震災対応では、我々自身がそのパートナーの立場となり、直接被災者や地元の人々と接し、活動を進めてきた。さらに、海外NGOからの資金提供も受け、まさに「現地NGO」としてドナー（資金提供者）とレシピエント（受益者）の、レシピエント側の立場を経験したのである。同時に、我々は被災地の人々からすると「外から来た団体」であり、外部者としての関わり方の難しさに否応なく直面することとなった。

また、支援現場におけるレシピエントとしての経験は、今後シャプラニールが海外の現場でパートナーシップの在り方を考える上での議論に反映させていかなければならない。シャプラニールは「ドナー」として資金を提供するだけではなく、「パートナー」として計画づくりからモニタリング、評価作業まで一緒に活動をつくり上げていく」という理想を掲げ、「パートナーシップ」という形に拘ってきた。しかし、「本当にドナー以上の役割が果たせているのか。ただの口うるさいドナーとみられているのではないか」という疑問を同時に抱えながら活動を続けてきたのも事実である。技術的なアドバイスや、他地域での経験を共有するといった、国際NGOにしかできない役割は間違いなくあるだろう。しかし一方で、村の歴史や人間関係、組織間の力関係といった開発現場のリアリティを我々外部の人間はどれだけ理解し、有効なアドバイスへとつなげることができたであろうか。

パートナーの選び方、資金の提供の仕方、あるいはモニタリングの方法など、考えなければならない点はたくさんある。今回の国内での経験を海外の活動に活かせるよう、組織内で検証と議論を進めていきたいと考えている。

今後の役割

我々国際協力NGOは、今後の復興支援において何ができるだろうか。ひとつは、我々が支援活動を本業とした団体であるということだ。長期的に見れば、地元の組織・人々が支援活動を担っていかなければならないが、それぞれ本来事業を持っており、それをある程度犠牲にしながら支援活動を行っているのが現状である。その点、我々は期間限定ではあるが、支援活動だけを目的に資金を集め、スタッフを派遣している。その資金とマンパワーを充分に活かせるような協力体制を築くことが必要である。

また、緊急段階を脱し、長期的な支援の在り方を考えなければならない今こそ、これまで海外の現場で地道な開発協力を行ってきたＮＧＯの知識と経験が活かされるべき時である。

たとえば、地元の人たちが「援助」への依存を避けながら生活の質を上げていくには、我々はそこにどのように関わっていけばよいのか。避難所支援の段階からすでに、物資の無償提供が当たり前になってしまい、自助努力への契機を損なわせているといった指摘がなされていた。避難所が閉鎖され仮設住宅等に入居した後も支援物資が無償で配給され続けたが、これに対しても、やはり非難の声が少なからずあった。これについては賛否両論あり、筆者も基本的には「もらえるものはもらっておきたいという心理は、支出をできるだけ抑えるという意味で、貯蓄と変わらない合理的なものであり、配給を受ける側の立場からしても理解できる」という考えだが、それによって不必要なものまでもらってしまい、狭い仮設の部屋がいっぱいになっているという状況はやはり異常だし、自宅へ戻れるにも拘らず「賠償金がもらえるから」という理由で必要のない借上げ住宅に居続ける人がいる一方で、多くの人が必要な住宅を見つけることができずに困っているという状況を見るにつけ、暗澹とした気持ちにもなる。

先の見えない不安を抱え、未来への一歩を踏み出せずに苦しんでいる人々に対し「支援に頼るな」というのは酷である。復興住宅の整備、賠償問題の決着、土地の収用条件の明確化などが進む中、地元の人たちが自分の将来について積極的に考えられるような環境を早急に作り出していくことが先決であろう。その上で、過度な依存体質を生まないような支援の在り方を考えていかなければならない。

同様にこれからは、被災者の自発的な活動を支援する、という観点が重要になってくるだろう。もうすでに、別の場所で店を再開したり、新たな土地で住宅を見つけて次への一歩を踏み出している人たちがたくさんいる。誰かの世話になったり行政に頼っているだけじゃだめだ、自分たちで何とかしなければ、と避難者同士でグループをつくり支援活動に動き始めた人々もいる。そういった人々の気持ちや動きと伴走していくことも、我々の重要な役目のひとつである。緊急救援や復旧の段階では、被災した人たちがどこでどのような状況にあり、何を求めているかをいち早く把握し対応していくことが第一命題であるが、復興段階に入った現在においては、時には「待つ」ことも大切となる。

もうひとつ、避難生活を送る住民同士の軋轢の解消にどのように関われるのかということも視野に入れておかなければならない。単純にいえば、いわき市民といわき市へ避難してきた相双地区からの避難者との間に、賠償金や生活習慣の違い等に起因する相互不信が生まれており、双方にとって余計な心理的ストレスとなっている。「紛争予防」といえば大げさかもしれないが、我々が支援活動に携わる際には、将来増幅しかねないそうした軋轢を少しでも解消するために、外部者として関わりうる最大限の努力と工夫が求められるであろう。それには、まず双方がコミュニケーションを図れる場、つまり互いの状況をよく知り、理解し合えるための場を、住民の方々とともに創り出していくことが第一歩となるだろう。

おわりに

第一節で振り返ったように、海外協力という本来事業を抱えながら国内での支援活動を実施するという決断を下すまでには、組織としての葛藤があった。今回の震災では、多くのNGOが支援活動に乗り出したが、以前から国内での救援活動を経験してきた少数のNGOを除けば、どの国際協力NGOも、同様の葛藤があったのではないかと想像する。実際に「うちは緊急救援は専門外。海外協力事業をおろそかにしてまで国内に関わることはできない」と、当初支援活動の実施を否定していたものの、しばらくして被災地へのスタッフ派遣を開始したNGOもあった。それだけ、災害の規模が大きく「何かせずにはいられない」という意識を抱かざるを得ない状況だったのだといえよう。

行政や社協も被災し、充分な救援体制が整わない場合に、ＮＰＯや国際協力ＮＧＯがそれを補完する必要性と可能性が今回の経験から明らかになったといえる。一年以上にわたり支援活動に従事してきた者として感じたこと、そこから得られた教訓について、最後にもう一度まとめておく。

活動場所が日本国内とはいえ、被災地の人々から見れば我々はやはり「外人部隊」であり、下手をすれば「わけのわからない名前の団体が突然やってきて、やりたいことをやって帰って行った」と言われかねない状況であった。普段からの関係性があまりない地域で意味のある活動を進めるために、行政組織や地元ＮＰＯ等との関係づくりには相応の時間と労力を要したが、それでも「何をしに来たのか」と訝られ、「寄付集めに来たんだ」と誤解を受けることもあった。ＮＰＯ・ＮＧＯが行政との協働を進めようと躍起になっても、協働の素地がない地域では、なかなかその実現は難しいことを身をもって経験した。こうした苦い経験を繰り返さないためには、いざという時には国際協力ＮＧＯを含む民間組織が行政と協働で支援活動に参加するということを、行政と民間双方が認識し、普段から協力体制やコーディネーション機能を構築しておく必要がある。

また、復興段階に入った今こそ、海外で地道な生活向上支援を行ってきた国際協力ＮＧＯの果たすべき役割が試されていると考えられる。支援への依存を軽減する方向で、住民自身の自発的な動きにいかに着目し、それをいかに支援していくか、あるいは、置かれている状況が全く異なる住民間のギャップの解消にどのように関わっていけるのか等、これまでの我々の経験を生かすべき場面は多い。緊急救援の段階では海外での経験をそのまま活かせたわけではなく手探りの状態が続いたが、被災者の方々にとって生きるか死ぬかという本当の初期段階を過ぎた時点で、結局我々にできるのは、これまでやってきたことの中にしかないのだということに気付かされた。支援する側の思い込みで何かをやっても成果は出ない。住民にとって必要なことは、住民にきかなければわからない。そのためには根気よく住民と関係をつくり、話を聴くことである。それを怠れば、「被災者のために」と言いつつ、自分たちができること、やりたいことだけをやって自己満足に終わってしまう。

「千年に一度」といわれる今回のような大規模災害が二度と起きないようにと願う一方で、東海地方や首都圏における大地震の発生が予測され、その対策が急務となっているのも事実である。我々はいつまでも被災地に止まり活動を続けることはできないが、今回の震災での経験を教訓として、これからも何らかの形で福島と共にありつつ、次へ活かせる体制づくりを進めていくことが、ひとつの役割であり責務だと考えている。

参考文献

「広報とみおか　富岡町災害情報」No.14、二〇一二年二月二四日、富岡町。
「復興に関する町民アンケート集計結果」二〇一一年一二月一六日公表、浪江町。
「いわき市復興ビジョン」二〇一一年一〇月三日、いわき市。http://www.city.iwaki.fukushima.jp/dbps_data/_material_/localhost/01_gyosei/0110/bjyon_honbun.pdf

10

国際協力ＮＧＯが福島の「震災支援」に関わる意味

竹内俊之
（国際協力ＮＧＯセンター
震災タスクフォース福島事務所所長）

福島支援に関わる国際協力ＮＧＯの現状

今回の震災はその被害の甚大さはもとより史上稀にみる広域災害という点でも特筆されるものとなった。津波による被害は岩手・宮城・福島の三県のみならず、青森県や茨城県の一部地域にまで及んだ。大小の震災支援は今も被災各地で続けられている。しかし福島についていえば、原発事故による放射能の被害が全県的に広がったこともあり、ＮＰＯや一般ボランティアによる支援は他県と比べて極端に少ない。国際協力ＮＧＯもその例外ではなく、あえて目を瞑っている傾向がある。

筆者が所属する国際協力ＮＧＯセンター（ＪＡＮＩＣ）は日本のＮＧＯの活動を支援するネットワーク型ＮＧＯである（正会員九六・団体協力会員五七／二〇一二年四月現在）。二〇一二年三月に発行された当センターの報告書『東日本大震災と国際協力ＮＧＯ―国内での新たな可能性と課題、そして提言』

によると、今回の震災で救援活動を行ったJANIC会員（正会員・協力会員）五九団体の活動地の二〇一一年一一月現在の内訳は、宮城四三、岩手三〇、福島一七であった。同報告書にまとめられたアンケートには「福島になぜ関わらないのか」という設問項目はなかったので詳細は不明だが、この一七という参加数は、原発事故という特殊性、そしてその深刻さの全体像が見えない状況下では致し方のない結果であったと見ることもできる。どのような団体であろうとスタッフを配置するからには、そのリスク評価は欠かせない事柄なのである。

しかし一七のNGOはそれでもあえて福島で活動を開始した。常駐職員等を派遣したNGOとしては、南相馬市を活動拠点とする日本国際ボランティアセンター（JVC〔本書一四〇頁〕）、いわき市を拠点とするシャプラニール＝市民による海外協力の会（本書一七五頁）、相馬市を拠点とする難民を助ける会（現地採用職員）、福島市を拠点とする日本イラク医療支援ネットワーク（JIM‐NET）、会津若松市を拠点とするセーブ・ザ・チルドレン・ジャパン（SCJ）などが挙げられる。直近では二〇一二年六月からカリタス・ジャパンが南相馬市に常駐し活動を開始している。ほかは現地事務所を置かず出張ベースで活動してきた（している）NGOである。

福島支援を行っているNGOの多くは、内規として現地スタッフ向けの「放射線に対するガイドライン」を作っている。放射線防護を目的とするものである。当センターも独自のガイドラインを作成した。当センターでは二〇一一年一〇月の福島大学との合同プロジェクトの立ち上げに際し新規要員を募集したところ、多くの応募者を得たが、面接でガイドラインに関する説明をするとその場で辞退するか、後日家族の反対に遭い辞退する人が続出した。福島支援に参加する各団体内部においても、参加をめぐっては相当議論が交わされたであろう。

福島で活動する団体が少ないのはこうした健康リスクのほかに、それに伴って生じる地元社会の複雑な問題に外部者として関与することへの躊躇もあったと思われる。放射線をめぐる健康影響評価については専門家の間でも意見が分かれる。それが福島県全域で人々の分断を引き起こしていた。大多数の人は高線量地域に留まりはしたものの、避難するか留まるか、マスクをするかしないか、子どもを外で遊ばせるか遊ばせないかを自分で決めなければならない状況に直面させられた。各人不安の中から下さざるを得なかった決断や行動の違いが不和を生み、それは地域コミュニティはもとより、職場でも家庭でも露わになっていた。このような分断状況の中で外部のＮＧＯは自らの海外支援の経験をどのように生かし、活動の柱を建てていけばよいのか。解は容易には見つからない。ＮＧＯによる福島への支援が少ない要因には、こうした躊躇的要素も含まれていたであろう。

なぜ関わるのか――国際協力ＮＧＯは国際救助隊か？

それでは逆に、福島に事務所あるいは常駐職員を配置しているＮＧＯはどのような理由で福島支援を継続しているのか。これらのＮＧＯがこれまで行ってきた活動は、そのほとんどが途上国などでの開発協力である。その団体が、それぞれ濃淡の違いはあれ、なぜ長期にわたる福島支援に関わることになったのか。

福島以外も含め、前掲の当センター報告書のアンケートによれば、発災時にはほとんどの団体が「未曾有の大災害」であったこと、内外の社会的期待や要請があったことを理由に震災支援に参加したと答えている。しかし、このことは国際協力ＮＧＯが今後日本国内で起こるであろうすべての災害救援に無前提的に参加することを意味しているわけではないだろう。事実、今回の場合も、国内災害を活動目的としていない理由で災害救援活動に参加しなかった団体が多数ある。

この点で国内緊急救援活動を目的としていないものの今回は「状況に要請されて」震災支援を始め、今も続けているＮＧＯ（特に福島支援に携わっているＮＧＯ）は、一年以上を経た今、国内支援に継続して関わる意味をそれぞれの支援者・会員に向けて説明する時期に来ているのではないだろうか。説明をし、議論する過程はそれぞれの組織の存在意義を確認する良い機会になると私は確信している。

そんな中で、少数意見ではあるが非常に重要だと思われるのが、ＪＶＣやＪＩＭ‐ＮＥＴなどが強調している、「海外の問題と日本との関係性」という視点から福島の問題をとらえるという考え方である。

私は三〇年ほど前、初めて国際線の飛行機に乗り、インドシナ難民支援を行うＪＶＣのボランティアとしてタイへ渡った。当時、発足間もないＪＶＣは若い熱気に溢れていた。現地に渡って数カ月後、ＪＶＣ内部で大きな会議があった。タイ国内で数カ所に分かれ活動していたほとんどのボランティアがバンコクの事務所に集合してのマラソン・ミーティング。議題は「緊急救援か開発援助か」というものであった。結論が出たかどうかは定かでないが、丸二日間ほど終日激論を交わしたのを覚えている。一方は、外部者である国外のＮＧＯは「内政問題」に関わることなく、現実にそこにある危機に即応する「緊急救援」を主たる任務にすべきだという意見、もう一方は、途上国で起きている問題を日本の問題としてとらえ、問題の起きている現場にはむしろ積極的にコミットして「開発援助」を行っていくべきだという意見。両者ががっぷり四つの白熱した議論となった。当時の私の立場は議長役だったこともあり、「どちらもやったほうが良い」という曖昧なものだったが、内心では外部者としての距離感をあくまで保つ「緊急救援」のほうに傾いていた。しかしその後のＪＶＣの歩みを見てみると、日本とのつながりを重視した「開発援助」に重きを置いてきたことは明らかである。そしてそれは正しかったと思える。

2012年6月3日に福島駅東口前にオープンした「ふくしまNGO協働スペース」。写真は「リオ＋20」（国連持続可能な開発会議。地球サミット20周年を機にリオデジャネイロにて6月20日～22日開催）に参加した福島のNPO関係者による報告会の模様／2012年7月8日

そもそも、日本の多くの国際協力NGOは、いわゆる途上国の人々のいのちと暮らしを守るための地元の活動を側面から支援する「開発援助」を主たる任務としている。緊急救援活動自体を任務としている団体を除き、国内外のどんな自然災害にも対応すると規定しているNGOはまず存在しない。今回のように多くのNGOが震災支援へと向かったのは、未曾有の災害が身近に起こり、個人としても団体としても何かをしないではいられなかったからであろう。それが団体の支援者や会員に対しては「内外からの期待と要請に応える」という理由を伴って、団体としての支援へと踏み切らせた。

一方、限られた人材や資金で海外支援を行ってきた多くの日本のNGOにとって、今回の震災支援が人的にも経済的にも新たな課題を生み出していることも事実である。本来業務に影響を与えるので活動期限を区切りたいという意見もないわけではない。本来業務とは先に述べたように、途上国等の市民たちが自らの状況を自らの力で切り開くためのさまざまな活動を支援することである。それを通じて日本のNGOは、現場で知り得た社会の矛盾が日本の社会と無関係ではないこと、もっと言えばその矛盾に日本をはじめ国際社会が積極的に加担していることを認識するようになった。その意味では、今回の震災支援においても、現在まで活動を継続しているNG

Ｏは緊急救援のみをよしとする「国際救助隊」的な存在になろうとは思っていないだろう。
もちろん、今回の震災支援を通じてＮＧＯのノウハウが幾ばくかでも有効であったと社会が認め、ＮＧＯが希望するのであれば、国は新たな災害に備えるための対策として、ＮＧＯを軸とする体制づくりに何らかの支援をすべきだと私は考える。たとえば、災害時に個々のＮＧＯが速やかに人材を確保できるよう、そのための枠組づくりを国の政策として進めていくことなどが考えられる。

ところで、ＮＧＯ（非政府組織）という呼称は、欧米のボランティア団体が「国際協力」の分野で用いるようになった一九七〇年代後半頃から、プラスのイメージとして受けとめられていることが多い。ＮＰＯ（非営利組織）も同様である。しかし、これらの呼称は、実際には単に政府組織でも営利組織でもないことを意味する無味乾燥な言葉でしかない。誤解を恐れずにいえば、「ＮＰＯ法人」を名乗って反社会的な活動を目論む団体だってあり得る。だから、「どんなＮＧＯ・ＮＰＯも諸手を挙げて歓迎する」ということにはならない。

とはいえ、「ＮＧＯ」が「非政府」を意味するからには、自ずと「ＮＰＯ」より一歩踏み込んだ自己規定が伴ってくる。そしてそれは、反政府ではないが政府と同じ立場では決してないという、より積極的な意思として、すなわち政府・行政とはあくまで一線を画して自らの自主性・独立性を担保する姿勢として現れることが多い。

その意味するところが個々のＮＧＯの間でどこまで共有されているかはともかくとして、少なくともそうした姿勢に自覚的なＮＧＯに対しては、「非政府組織」の意味をより明瞭にする何か別の呼称を用いる必要があるかもしれない（後述）。福島支援に参加しているＮＧＯの人たちは、途上国の現場で抱える問題（経済的・政治的問題や環境・人権・核＝原発・少数民族・貧困等の社会的問題）が日本を含む国際社会の問題と密接に結びついていることを十分に認識している。もし彼・彼女たちによる活動が日本の社会から緊急事態にのみ出動する「国際救助隊」の一種と理解されているとすれば、NGO自身でその誤解を解いていかなければならない。

福島から地球規模の世直し運動へ

ここで立ち止まって考える必要がある。今福島で生じている事態はまさに世界的な視野でとらえなければならない問題である。国策としての原発体制とそれが引き起こした過酷事故は、住民のいのちと暮らしを著しく脅かした（脅かしている）という点で、まさに国際協力NGOが対峙してきた途上国をとりまく矛盾と同じ構造を持っている。福島で活動しているNGOはそのことを十分認識しているだろう。つまり、福島での活動と本来業務は同じ線上でとらえられているはずだ。だとすれば、これまで海外の現場で起きていることを日本に伝えてきたのと同じように、今度は福島の現場で起きていることを積極的に世界に伝えていくべきであろう。たとえば、ある国のスラムで起きている人権侵害の原因が外国資本の企業活動によるものだったなら、NGOは現地で闘っている住民運動を支援しながらその実情を知らせるために日本や世界に情報発信をするだろう。それと同様のことが福島を起点としてできないはずはない。

国際協力NGOが行うのは「国境を越えた市民による協力」である。「海外で行う協力活動」と自己規定する必要はない。世界的な課題（グローバル・イシュー）に「国境」は関係がない。今必要なのは「国境」という概念そのものを越えることだ。福島で今起きていることはまさに世界史的な出来事であり、グローバル・イシューである。支援を通じてその実情を世界に発信すること――、これこそ真の国際協力であり、地球規模の世直し運動といえるものだろう。

国際協力NGOに求められること

地球規模の世直し運動において、国際協力ＮＧＯには豊富な海外経験を生かした、ＮＧＯ固有の役割が期待される。ここでは福島での活動を念頭に以下の三点を挙げておきたい。

(1) 徹底した現場主義　現場の自治体（県、市町村）との情報交換を通じて、常に自治体レベルにおける調整の仕組みや地域固有の事情の把握に努めていく必要がある。そして自らも情報を収集し、刻々と変化する現場の状況の中で、住民の方々が今何を必要としているのかを常に把握していかなくてはならない。支援する側の事情が優先するようでは本末転倒である。また、海外での過去の教訓を生かしつつ、事後においても、地元の人たちの要望・願望がどのような支援によって満たされたのか（満たされなかったのか）を見極めていく必要がある。情報収集能力や情報を相互に生かし合う「人間力」はあらゆる局面で試されるが、ＮＧＯにおいてはすべての活動は現場から始まる。

(2) リスクを踏まえた行動　「ＮＧＯ」「ＮＰＯ」「一般ボランティア」は三者三様の特長を持つ。しかし、今回の震災時に行政は、それら三者を区別することなく、「ボランティア団体」として一括して受け入れる傾向にあった。緊急救援や地域開発支援等、海外での豊富な経験の中で培ったノウハウや専従職員を持つ国際協力ＮＧＯの特長については行政サイドにほとんど知られていなかった。それゆえ、その特長を生かした行政との連携がうまく機能しなかったことは残念である。

警戒区域内の双葉病院（双葉町）の視察の模様。筆者右／2011年11月（撮影：豊田直巳、提供：JANIC）

日本の国際協力NGOは、長いところではすでに四〇年以上の活動歴を持つ。いわば支援の「プロ集団」ともいえる存在である。紛争地での救援活動においては自分たちも同じリスクの中に身を置き、一定のリスク評価の下で現地の人たちと活動を共にしてきた。こうしたNGOの経験は、今回のような放射能による災害現場でも何らかの形で生かし得るのではないだろうか。紛争地や治安の悪い地域でリスク管理を学んできた国際協力NGOと、阪神淡路大震災以降、防災を中心とした活動に積極的に取り組んできたNPO、そしてそうしたバックグランドこそ持たないものの、個々の発想で被災地の方々に寄り添おうとする一般ボランティア――この三者がそれぞれの持ち味を発揮できるような支援環境づくりが求められている。三者の持ち味を適切に生かし得なったという点で、今回の行政対応は支援する側にとっても支援される側にとっても、大きな不幸だといわざるを得ない。言うまでもなく、その一番の被害者は被災地の方々である。

もとよりNGOもまたボランティア精神を基盤とする団体である。震災支援に参加した多くのNPOや一般ボランティアの方々と、基本的な精神は同じである。しかし、国や行政機関に対しては、「リスクを踏まえた行動」を積み重ねてきたNGOが自負する側面を、もっと積極的にアピールしてもよいだろう。同時に、災害対策本部に対しては、NGOを含め、災害救援に関わるすべての関係者が同じテーブルに着けるよう働きかけることも必要であろう。

（3）世界に発信する能力、国際協力の視点

今回の未曾有の災害、特に福島で起きた（起きている）出来事は、今後、世界の教訓として記録されることはもちろんであるが、今この瞬間にもリアルタイムで世界に発信されるべきものでもある。国際的なさまざまなネットワークを作ってきた国際協力ＮＧＯはそのための有効な発信元の一つになるはずである。

現場で支援活動に携わる者は被災地の方々と一番近い位置にいる。より密度の高い情報にアクセスできる点でメディアとも連携し得る位置にある。一方、海外においてもさまざまなレベルで福島の状況をキャッチし、分析し、評価し、それらをフィードバックする動きがある。ＮＧＯはそれらの間に立ち、多様な発信元とつながり多くの情報を得て、被災地の方々がいつでもアクセスできるような回路を作り出していくことが必要である。

これまで海外の紛争地や被災地の現場でさまざまな情報を発信してきた国際協力ＮＧＯは、ジャーナリストをはじめメディア関係者とも良い関係を作ってきた。福島でも同様の連携ができるに違いない。

「ソーシャル・ジャスティスNGO」へ

福島の状況を世界に発信する際の鍵は、福島で起きていることを世界的な課題（グローバル・イシュー）として位置づけるところにある。すでに述べたとおり、その先にあるのは地球規模の世直し運動である。それは福島以外の被災地について発信する場合も同様であるが、福島に関しては特にそのような視点が求められる。

環境、人権、平和、核＝原発など地球規模のテーマを社会正義 Social Justice の観点からとらえ、新たな支援活動を創造していくこと、そしてそれを通じて世界と日本のあり方を変革していくこと、この理

念の下に行動するＮＧＯを敢えて「ソーシャル・ジャスティスＮＧＯ」（ＳＪＮＧＯ）と名付けよう。真の意味での国際協力を担うＮＧＯだ。「彼ら」の問題は「我ら」の問題、そして「我ら」の問題は「彼ら」の問題なのである。その意味するところを真に理解していくためにも、我々には「国境を越えた市民による協力」が必要なのだ。ここ二、三〇年の間自明のこととしてきたこの命題を、我々は「フクシマ」を経て、そして初めて海外から援助される側に立つことによって、改めて一層深いレベルで認識することになったのである。

参考文献

国際協力ＮＧＯセンター『東日本大震災と国際協力ＮＧＯ――国内での新たな可能性と課題、そして提言』国際協力ＮＧＯセンター、二〇一二年三月。

11

NGO共同討論

福島はNGOに何を教えたか

――「三・一一以後」のNGOを考える

出席者
谷山博史（日本国際ボランティアセンター［JVC］代表理事）
谷山由子（JVC　災害支援担当・アフガニスタン事業担当兼任）
小松豊明（シャプラニール＝市民による海外協力の会　震災救援活動担当）
満田夏花（FoE JAPAN　原発・エネルギー担当）
渡辺瑛莉（FoE JAPAN　原発・エネルギー担当）
竹内俊之（国際協力NGOセンター［JANIC］震災タスクフォース福島事務所所長）

進行役＝編者／二〇一二年四月一四日、東京にて

――団体としてまた個人として、福島での支援活動から何を学んだか。この点を中心に討論を進めたいと思います。キーワードは三つあると考えています。一つは、NGOにとっての「当事者性」とは何かという問題。「人道支援」や「復

興支援」では、ＮＧＯは被災者・被害者という「当事者」のために活動する社会的組織体ということになる。しかし今回のような複合的大惨事においては、これまでどこかで線を引いてきた「当事者とＮＧＯ」という関係性の境界がぼやけてしまう。私たちすべてが当事者であり、当事者になるからです。福島の場合、国策としての原発問題にどう向き合うかという側面だけでなく、支援者が否応なく被曝の問題に直面せざるを得なかったという二重の意味でＮＧＯの当事者性が問われてきただろうと思います。

二つ目は、これまで国際ＮＧＯが海外のプロジェクトでよく語ってきた「当事者」に対する「自立支援」とは何かという点。「自立支援」を福島の人々が置かれている政治・経済・社会的文脈に置き換えて考えるとどうなるか。被災、避難、被曝した人々が「自立」するということはどういうことであり、そこにおいてＮＧＯが果たせる役割とは何かという問題。

そして三つ目は、これら二つの問題と密接に関係する「出口戦略」という言葉と、その背景にある発想の在り方についてです。私たちは、何かプロジェクトを行うときに、引き際を決める「出口戦略」を予め構想することを自明視してきた。しかし、福島のみならず今回の震災復興支援に「出口戦略」を考えることが果たして可能なのか。この根本的な問いとみなさん格闘してこられたと思います。今日は以上三つのポイントを軸に話を進めたいと思っています。

まず、「三・一一」一周年からさらに一カ月以上過ぎた今の状況をどう考えるか。一周年を前後し「復興元年」の二〇一二年」が叫ばれ、問題は山積しているにせよ、これからは国と自治体が「復興振興行政を粛々と行う」という雰囲気が急激につくられてきました。この本の発刊は九月以降になるので、その頃には復興支援に対する社会的関心は、今よりさらに薄れているだろうと思います。社会的無関心といかに立ち向かうか、これ自体がＮＧＯの課題の一つとしてすでに浮上しています。

復興の大合唱と現実のギャップ

谷山(博)　いま二つの流れがあると思います。一つは復興。今回の災害と原発事故を受けて社会の問い直しが求められているとは捉えない、早く終息させたいという動きが如実に表れていて、地元でも復興の大合唱です。もう一つは、この事故や災害をきっかけに社会と生き方を問い直そうとする流れ。農業にしても、このままだと農業は疲弊するという状況の中でこの事故が起きたのですが、逆にこれをバネにして歯を食いしばって再生していこうとする農業者の動きもあり、それを社会に伝えていこうという人たちもいます。また、新しい生き方をしようというだけでなく、原発の構造そのものが地方に対する押し付け、途上国に対する押し付け、未来に対する押し付けであり、それが見えなくされているのに対し、それを見えるようにし、自分たちもリスクを負って提言していこうという動きもあります。

もう一つ感じるのは、復興の大合唱の一方で、福島を忌避する流れがもう定着していることです。しかも新しい生き方を求めている人の中に、食の問題でも教育現場の問題でも敏感な人が結構多い。そこがすごく苦しい。被災者を支援したい、原発反対と思っている人たちが、福島と出会う機会もないままに遠ざかっている。

南相馬の人たちは復興、復興という掛け声には「違う」という違和感を持ち、危ない、危ないという人たちに対しては疎外感を味わい、その間で板挟みになっていると感じます。だから復興には、自分が受けた傷を癒しコミュニティの分断を紡ぎなおす時間が必要です。その時間が与えられないことに対する苛立ちというか、心配がある。それは戦争の後の状況と似ています。アフガニスタンでもそうですが、戦争が起こるとクイック・インパクト・デモクラシーといって、一気にデモクラシーを作り上げ復興しようとすごい勢いでお金が入ります。その中にあって醒めた目で「違う、私たちには時間が必要なんだ」と思っている人たちがいます。アフガニスタンの子どもが書いた詩に「時間をください」というのがありました。それと同じことを福島の現場にいる人たちは感じていると思います。

谷山(由)　月に一〇日ぐらい南相馬に行っています。仮設住宅のサロン運営を担当しているのですが、サロンに来る人たちは一年経ったとは思えないくらい、暮らしの先が見えない不安を抱えているのを感じます。その中で出口戦略という話にはとてもならないというか、やはり寄り添って、この方たちが何をしようとしていて私たちがそれに対して何ができるのかを一緒に考えながら歩んでいくしかないという気がします。それにもかかわらず南相馬の中心地である原町の社会福祉協議会［社協］のボランティアセンターが閉鎖されたりして、行政は復興を進めようとしています。そこに大きなギャップを感じます。

軋轢・葛藤・分断

小松　いわきで活動していて強く感じるのが、時間が経つにつれ人々の立場、感じ方、考え方が多様化するということです。震災直後、みなが避難所に避難して食うや食わずで、日々どうやって生きていくかという共通の問題に直面し克服しようとしていたところから、次第に仮設住宅や借り上げ住宅に入り、親戚を頼り、それぞれの状況が異なっていくにつれて、考え方や感じ方が多様化してきました。

いわきの場合、いわき市民自身も被災しながら同時に双葉郡からの避難者を二万数千人受け入れています。これを言うことがいいのか悪いのか迷うところですが、単純化していえば、いわき市民は双葉郡の避難者に必ずしもいいイメージを抱いていません。いままで原発を受け入れてさんざん経済的な恩恵を受けてきたのだから仕方がないでしょうとか、いわき市の人口が一時的に増えて道路も混むし、スーパーに行っても列に並ばなければならない、どれだけお金をもっているのか知らないが山のように買い物をしていく、という声が聞かれます。

一方、双葉郡から避難している人たちにしてみると、そういういわき市民の感情も漏れ伝え聞いていて、自分たちがいわき市民に受け入れられないのではないかという感覚を抱いていたり、逆に、いわき市民は津波で家を失ったかもしれないが帰る場所がある、自分たちにはない、自分たちが一番大変なんだという意識を持っていたりします。そのあたりに感情の軋轢があります。同じいわき市民の間でも、生活を再建できる人たちはどんどん再建していくけれど、できない人たちはずっと取り残されたままです。それぞれが、自分が一番不幸なんだという感覚をもっていて、違う立場の人たちに対して批判的になる傾向が強くなってきた気がします。言葉にすることでさらにその傾向が強まる恐れもあるので、こう言うことがいいのか悪いのか迷うのですが。しかし、毎日誰かしらがそういう話をしているという状況で、そこが一番気になるという地元のＮＰＯもあります。そろそろ何か起きてもおかしくはないという人も周囲にいます。

谷山（博）　南相馬市は三つの市町が合併してできた市で、仮設住宅のほとんどは原発から一番遠い鹿島区にありますが、仮設住宅に入居している人の八割近くは小高区という警戒区域内に住んでいた方々です。鹿島区の人たちは小高区の人たちがパチンコに通うのを快く思っていない。その辺の気持ちの擦れ違いが大きいので、仮設住宅の常設サロンも、できれば小高区の被災した人たちに管理者になってほしいと思っていたし、実際、被災した小高区の女性にやっていただいています。

小松　いわきの中央台というところにいわき市が建てた仮設住宅が一八〇戸ぐらいあり、いわき市民だけでなく他の自治体から避難してきた人たちも入っています。そこに比較的早い時期に自治会ができたのですが、運営がうまくいっていないと聞きました。入居者の出身地域はバラバラですし、集まりを開いても住民の方々が出てこない。その自治会づくりを支援してきた方も、「テコ入れ」すべきなのか迷っていて動けていないと言っていました。幸い、その後は上手くいっているようですが。

満田　本当はそういう怒りなどは政府や東電に向けるほうがむしろ正常で、被災者同士が被害の大きさや補償金の額の差でお互いにやりあうのはよくないですね。同じことが避難者と残った人の間でときどき生じます。お互いにいたわり合って「お互い大変だねと言い合おうよ」と、一生懸命互いの溝を埋めようとしている人たちもいますが、避難した人に対して「コミュニティを捨てて」というような気持ちも地元に残った人たちの間にはあります。避難した人も後ろめたく感じていて、それがために「もう福島には帰れない」という人たちも出てきています。悪いのはそういう事態を引き起こした政府や東電のはずなのに、自分を責めたりほかの人を責めたりという状況になっています。

小松　そういう非常に残念な状況になっている中で私が救いを感じていることがあります。私たちがいわきで運営している被災者のための交流スペースにはいろいろな人たちが集まります。津波で家を流されたいわき市民もいれば、大熊町、富岡町から避難している人もいます。毎日のように来る人も何人かいて、そこでだんだん互いに仲良くなります。先日もいわき市のある女性が、津波ですべてを流されて自分が一番不幸だと思っていたけれど、交流スペースに来ていろいろな人の話を聞くと自分より大変な人たちがこんなにいるんだと分かった、自分もいつまでも悲劇のヒロインでいるのではなく、人のためにできることがあると思うようになったということで、いまボランティアとして手伝ってくれています。それを聞いてお互いに知り合うことが大事なんだと思いました。お互いを知り合う、お互いの状況を理解し合うということを進めていくことが重要ではないかと思います。

渡辺　私はふだん東京にいるのですが、ときどき福島に行くとみなさんの心の葛藤は収まっておらず、やり場のない怒りを抱えているのを感じます。いま話の出た交流スペースのような場所でしか話せないのかもしれません。東京にいると私自身も日常に戻っていくというか、感覚が麻痺してきてしまいますが、福島に行くとみなさん全然違う感覚を持ち、あきらめも抱きながら暮らしていて、事故の被害が続いていることを実感します。いかに福島のみなさんの思いを汲み取って東京で活動していくのかが課題だと思います。

満田　福島以外に住んでいる福島の方々を北海道、京都、福岡に訪ねましたが、放射能被害を恐れて取るものも取りあえず避難した方々が福島に対して抱いている思いは非常に強く、福島市・渡利の子どもたちの現状を心配していろいろ尋ねられました。京都の方などは、避難生活でご自身も経済的に大変なはずなのに寄付を呼び掛けて支援してくださっています。それを逆に福島に伝えたいと思いました。

避難した人も福島のことを心配していますし、福島にとどまっている人の中にも避難した方々が大変なのではないかと心配する人たちがいます。確かに溝はありますが、それでも絆を維持していこうとしています。具体的に避難者同士をつないでいくネットワーク活動もあります。

福島支援の位置づけと「出口戦略」

――各団体として福島支援活動をどのように位置づけてきましたか。また今後、どのように継続するのか。冒頭で「出口戦略」という言葉を出しましたが、被災者の中には、「「出口」など見えるはずもないときになぜ「出口戦略」などと語れるのか」という違和感もある。NGOとは、常に「一時的」な「外部支援」をする存在に過ぎないのかという。

そもそも「出口戦略」は、国家が戦争や軍事介入をするときに使われる政治用語という側面がある。しかし、どのような表現をするのであれ、いつかは活動に区切りをつけねばならず、マネジメントサイドではそれを考えざるを得ない。そこにジレンマがある…。

谷山(博)　JVCは原発に関するポジション・ペーパーを時間をかけて作りました。理念だけ語っても意味はないという意見もあったので、具体的な行動については中期の活動方針とセットでもう一度ポジション・ペーパーを作りたいと思っています。いずれにせよ、関わり方は長くなると考えています。

ただ、プロジェクトとして関わるかどうかは別の問題です。活動する以上、出口戦略はやはり必要だと思いますが、それは活動の一つの区切りであって始めからかっちりと出口を決めるのはおかしい。人間はそんなに簡単に計画通り行くわけはないですから。去年［二〇一一年］、福島支援に関わる一〇数団体が初めて顔合わせをしたＪＡＮＩＣの会合で、ＪＡＮＩＣの事務局長から「ＪＶＣはどういう展望で関わるのか」と質問されたときに私はカチンときました（笑）。美しいプロジェクトなんかできるわけがない、苦しみながらやっていくしかないでしょうと喧嘩を売りました（笑）。情報交換やアドボカシー（政策提言活動）などはきっと長く続いていくと思います。

小松　シャプラニールとしてはいわきに駐在員を置いて活動するのは今年四月から二年間と想定しています。私たちとしても二年間でまったく関係が終わるとは考えていません。何らかの形で関わることになるでしょうが、それはこれからの議論です。二年間とした根拠は、一つに、いわき市の場合、復興計画の中で復興住宅を二〇一五年度までに整備することになっていて、つまり二年後までには具体的な方向性も見えているだろうから、当面そこまでやろうという考えです。もう一つは私たちの組織の体力です。すべて持ち出しでやっていくことは不可能で、いまも助成金［主に海外のＮＧＯからの助成金］をもらいながらやっていますが、現実的に考えて二年間という期間になりました。

満田　ＦｏＥは放射能被害に関してまずは政策を変えることを目指してきたので、震災被災者への支援活動とは少し異なります。年二〇ミリシーベルトという学校施設の使用基準を変えさせる活動を去年の四月以来やってきました。学校については文科省は基準を撤回しましたが、避難基準として二〇ミリシーベルトを変えることはできませんでした。

私たちは福島の人たちと一緒に行動し、政府を問い詰めていくという手法をとりました。当初、福島の人たちは保守的かもしれないとか、よそ者で得体の知れないＮＧＯに拒否反応があるかもしれないと、こわごわ福島市・渡利で勉強会を始めたのですが、思った以上の反応がありました。ある意味で私たち以上にいろいろなことを知っていて、「徐染、徐染」と唱えるだけで対策を取ろうとしない国や自治体の対応ぶりに怒っていました。渡利の避難問題に関しては、去年の秋ごろにはかなりの盛り上がりがありましたが、その挙句に政策を変えることに失敗しました。その挫折感はかなり大きかったです。

そういう挫折感もあり、最近の内部被曝や放射能汚染に関するセミナーはなるべく実利的な内容にしようとしていましたが、この頃は「むしろ行政交渉をしましょうよ。政府を動かしましょうよ。動いてください」という反応が返ってきます。挫折感を味わってばかりではいられない、やはり私たちの役割は政府を動かすことにあるんだと逆に励まされました。

まだまだ放射能汚染の問題は収まっていないことを感じます。先日開催した原発事故被害者支援法の早期制定を求める集会でも、南相馬で一生懸命に除染活動をしている人が、残念ながら南相馬や福島（市）の一部には子どもたちが住めないところがある、支援法もいいがそれより前に子どもの避難、疎開などやるべきことがあると発言していました。避難政策を変えることには挫折しましたが、この方の主張を聞いて長期的な支援の必要性を再自覚しました。

原発問題は情勢の変化が早く長期的な計画が立てられないので、とりあえず当面三カ月の計画を立てています。福島支援は原発再稼働問題と長期エネルギー計画と並んでFoE原発チームの三つの重点課題の一つで、これは何があっても継続していこうと考えています。

ただ、福島支援の位置づけについては理論的に整理できているわけではなく、何ができるかわからないがとにかく福島に行かねば、という感じでいわば本能的に動き始めました。私たちは原発の専門家ではありませんが、福島の人たちと一緒にいるので、その悩みや怒りを知っていることが強みだと思います。それを政策提言に生かしていく、という位置づけでしょうか。「十湯ぽかぽかプロジェクト」という被曝軽減のための一時保養プログラムを始めたときは、内部のスタッフから私たちは政策提言NGOじゃなかったっけ、それは政策とどう関係するのという疑問を投げかけられました。でも、政府の政策を動かすことはできなかったしこれからもどんなに頑張っても残念ながら難しそうだからと、「すみませんでした」と言って何もしないわけにはいきません。とにかく何かやってみてそれを政府に見せることによって、行政の力が必要なんだと言えるかもしれないという説明を団体内部ではしました。

渡辺　福島の支援が国のエネルギー政策の変革や原発をなくすことにどうつながるのかと問われることはあります。私たちはその二つはつながっていると思います。今後の日本のエネルギーのあり方は、いま福島で起きていることからしか考えられないと思っています。逆に難しいのは、福島を利用して脱原発を叫んでいると見られてしまわないかということです。そのためにも本当に福島の人たちと一緒にやっていかないといけないと思います。

谷山(博)　そういうアプローチは政府の政策を止める、批判するというのではなく、代替案を提示しながら政府が変わるきっかけを作っていくという広い意味でのアドボカシーですよね。そういう活動は初めてですか。

満田　いままでやってきた途上国での開発・環境問題へのとりくみもそういう作業だった気もします。たとえばフィリピンのサンロケダム問題ではＦｏＥのスタッフが現地に入り込んで、その人たちと一緒になって政府に対して声を上げ、東京にいる私たちはその声をもとに日本政府に働きかけるという活動をしてきました。今回の福島支援も構造的には同じだと思います。ただ私の個人的な経験でいえば、私自身が福島に行って福島の人たちと話をし、東京に戻って政府に対峙するという活動がここまで日常化するのは初めてでした。エネルギー政策の代替案を示せとよく言われるのですが、代替案を示すのが得意な人はほかにもいますので、私たちとしてはある意味でそれは捨てていて、原発の問題をあぶりだしていくことが自分たちの役目かなと最近は割り切り始めています。

福島に関わる意味

竹内　ＪＡＮＩＣは去年の三月下旬から仙台と遠野で、五月下旬からは福島で支援活動を始めています。国際協力ＮＧＯのネットワーク団体なので、性格上、会員団体の動向を見ながら自分たちの立ち位置を決める傾向があるのですが、私が所属しているＪＡＮＩＣ震災タスクフォースは私も含めて外部からスタッフを入れて作ったものなので、新しい動きといえるかもしれません。

大規模広域災害ということで今回の震災支援にはふだん海外を活動拠点とする国際協力ＮＧＯも数多く参加することになりました。でも参加するにあたっては、どの団体も国際協力ＮＧＯとして参加することの意味を考えたと思うのです。率直に言って「いつまでやろうか？」という話もＮＧＯの間では出ました。被害の大きさから「五年はやるべきだ」などというのは簡単ですが、問題はお金が続くかということです。世論のサポートがないところでは資金は続きません。またどの団体ももともとのミッション（任務）があり、海外での活動をやめて震災支援に集中することはあり得ません。その辺でどの団体もずいぶん悩んでいて、どうリンクさせて震災支援の長期化を図るか、いろいろと考えています。
　この一年やってきて、他の支援団体が多く集まる仙台については、ここに国際協力ＮＧＯがとどまっている理由はあるのかという疑問がありました。また私自身は、福島の問題こそ国際協力ＮＧＯがとりくむ必要のあるフィールドだと思っています。ＪＡＮＩＣとしては来年九月までの予算は確保できていますが、それ以降資金がとれなかった場合、私個人として関わりを続けていきたいと思っています。福島は非常に大きな問題なので、残りの人生を使ってもいいかな、という気持ちでいます。
　多様性といえば美しく響きますが、率直に言って福島ではいろいろなところで分断が起きています。これをどうつなぎなおして、元に戻すのではなく新しい形を作っていけるのか。当事者性といわれましたが、私自身もそこに入っていって当事者にならなければいけないと思っています。外部の組織が関わる場合は、地元の人たちがその形を作っていけるような仕組みができれば理想的です。少なくともそのヒントや取っ掛りになるようなものを作って次につなげていきたいと思います。必ずしも全部セットアップして残していくことがいいことだと思わないので、課題を残しつつ、とりくもうとする人たちを勇気づけるような、たとえばこうすれば前に進む、という実例を残して、組織としては撤退せざるを得ないのかと思います。

――なぜ、「福島こそ国際協力ＮＧＯがとりくむ必要や価値」があるのか。核心的な問題ですね。

竹内　やはり原発の問題です。これだけの数の原発が日本にあり、海外にも輸出してきて今も輸出しようとしています。いままで原発を許してきた私たちにも大きな責任があるし、原発輸出を通じて海外にもつながっています。ですから世界とつながっている国際協力ＮＧＯは何らかの発言なり動きなりをしなければいけないだろうと思います。福島と大都市・東京の関係が、途上国と先進国の関係と二重写しになっているという視点でこの問題を捉える必要があります。その考えはＪＡＮＩＣ内で共有されています。

谷山（博）　ＪＡＮＩＣが原発ペーパーを作ったので、加盟団体が原発問題について意思表示をしなければならなかったことは大きい。自分の団体ではそこまでできない、でも何か言わなければいけないという思いをＪＡＮＩＣに託した団体もきっとあったと思います。

なぜ福島に関わるＮＧＯが少ないのか

――ＪＡＮＩＣの報告書（『東日本大震災と国際協力ＮＧＯ―国内での新たな可能性と課題、そして提言』二〇一二年三月）によれば、震災支援を行う国際協力ＮＧＯの中で福島に関わっているのは一七団体です。宮城の四三、岩手の三〇に比べて遙かに少ない。この客観的現実をどう考えればよいのか。

竹内　福島に入るためにはまず放射線の問題をクリアしなければいけませんし、いま福島で起きている放射線問題に起因するさまざまな難しい問題にとりくまなければなりません。最初の頃は別として、ある程度時間が経つと難しい問題だということが見えてきます。これを私たちがとりくまなければならない重大な問題だと認識しなければなかなか行動には移せないだろうし、自分たちの活動を社会や世界をいい方向に変えていこうと位置づけている団体でなければ入って行けません。短期的には物を配ったりできるかもしれないけれど、それは自衛隊や行政の代わりに、ちょっとお金が足りないからアメリカから〔助成金や寄付金を〕持ってきて物を配るというレベルです。ここにいらっしゃる皆さんが所属されている団体はそういうレベルではないところで活動しているわけですよね。福島支援に参加していない団体は意識的に避けているというより、そのハードルを越えられないからではないでしょうか。ハードルを越えられないから意識的に避けているとも言えるかもしれません。

小松　そこはそれぞれの団体に訊いてみないとわかりませんよね。私が岩手、宮城を見ている限りでは、被災規模が大きいのでそちらに一度入るとなかなか抜けられないという事情もあると思います。最近はある程度落ち着いてきたので、岩手、宮城で活動していた人たちも少しずつ福島支援に加わりはじめていて、福島はやはり大変だという認識が広まってきていると思います。

谷山（博）　去年六月時点では福島で活動する団体は一一でしたから増えていますね。

竹内　それでもあるＮＧＯが福島県内で事務所を開設しましたが、場所は会津若松でした。

満田　私はそれは理解できます。ときどきメーリングリスト上で議論になるのですが、福島でイベントを開き全国から人を呼ぶことへの批判もあるんです。放射能を甘く見るなと。たしかに線量は落ち着いて来つつありますが、決して低いレベルではありません。それを本当は行政にも社会一般にも認識させたいのに、放射能レベルに無自覚に福島に入って来てもらっては困る、多少やり過ぎでもマスクをして入って来てほしいという声は、受け入れる福島の人たちの間にもあることはあるのです。放射能を心配している親御さんなどは、行政がとかくマラソン大会などを開こうとするのをとんでもないと思っているところに、ＮＧＯも福島支援に来てくれるのはありがたいけれど軽装でやって来るのは困るという人もいます。

竹内　集会参加とか週末ボランティアとして来るのとは別に、ＮＧＯとして放射能問題にどういう立場をとるのかという問題があります。ＪＡＮＩＣの「福島放射線ガイドライン」にも書きましたが、ＮＧＯは汚染された地域で救援・援助活動をする以上、警察官や消防隊員に準じた職種として自覚する必要があると思います。それが一般ボランティアに当てはまるかというとそうではない。

谷山(博)　それは難しい問題です。ＪＶＣ内でも、活動開始前の事前調査の際、スタッフが被曝したらどうするんだという議論も出ました。暫定的なガイドラインを作ってやっと動けるようになり、年齢別に累積被曝総量の上限を決めて管理しています。作ったから終わりではなく、運用状況を見ながらその改訂をしていく必要があります。少なくとも合意形成のプロセスはきちんと作る必要がありますが、自分たちでリスクをきちんと勉強した上で、最終判断をするのはあなたですと言わざるを得ないところがあります。個人ボランティアとして行くわけではありませんが、団体として行く場合でも最終的には個人の判断になり、強制することはできません。

ＪＶＣの若手スタッフが現地に長期滞在するときはすごく気を使います。本人も初めは放射線量を気にしていたのですが、現場に行けば行くほどだんだん、そこに子どもも生活しているのだからと「僕は大丈夫です。覚悟はできています」という方向性になってしまう。でも本人がいいと言うからいいというわけにはいかないところもある。

満田　放射線を甘く見るなと言いつつ私たちはきちんとした基準を作っていないので反省してます(笑)。

渡辺　ＦｏＥは国際団体とはいえ各国分散型なので一律の国際基準もなく、そのあたりは今後の課題だと思います。

満田　私自身は自分のことを客観的に見て少し無防備だったかなと反省しています。知らず知らずのうちに周囲に合わせてしまいますね。物々しい恰好で計測するといったことへの抵抗が何となくあって、なるべく浮いた存在になりたくないと思ってしまいます。

谷山(由)　特に外から来ている人間だからこそ、そうですよね。あの人、外から来ているからやっぱり怖がっているんだと思われるのが一番困る。福島でマスクをしている人はほとんどいないので、私もマスクをしません。

満田　私たちの開催する集会に、いつもがっちりしたマスクとゴーグルのフル装備で来られる方がいます。ちょっと気にし過ぎではと思いましたが、その方は「これはそのぐらい危険なレベルだというメッセージです」とおっしゃっていました。やり過ぎではないかと思った自分を反省しました。

竹内　福島市の若い女性たちのグループが、結婚前でいろいろ心配なこともあるけれどふつうのマスクをするとそういうふうに見られてしまうので、おしゃれなマスクを作ろうという活動をしています。

福島はＮＧＯに何を教えたか

――国際ＮＧＯとして福島でプロジェクトをしてきて、これまでの海外での活動を見直したり、新しい発見があったりということはありましたか。

小松　シャプラニールは原発問題があるから福島に行こうと決めたわけではありません。ほかのＮＧＯの動きをみると宮城、岩手が圧倒的に多く、福島、茨城にほとんど行っていないという状況の中、私たちはどちらかというと後発でしたので、手薄なところからやって行こうと考えたのです。ただ、福島で活動していく中でだんだんと宮城、岩手ではなく福島にいることの意味を考えるようになってきました。原発問題をどう考えるのか、ＮＧＯとして何ができるのかを常に考えさせられるわけです。竹内さんもおっしゃったように、福島の外にいる私たちの責任も考えなければならないし、難しい福島の状況の中で何ができるのかを常に考えなければならない。その経験は組織にとって大きな意味を持つだろうと思います。

実はシャプラニールも原発に関する立場を明らかにする必要があると思って、震災後一年をめどにＪ

VCのようなポジション・ペーパーを作ろうと私が提案して、その準備をしていたんです。でもちょっと待てよということになった。福島の人たちの声を聴き、横浜の脱原発国際会議〔二〇一二年一月一四日～一五日〕にも参加していろいろ考えていくと、まだ早いかなと思ったのです。一方で、なぜシャプラニールは原発問題について何も言わないのだという意見が会員から出され、他方で、これまで原発に関して議論も行動もしたことがないのに、たまたま震災があって福島で活動を始めたからといって何が言えるのかという意見もある。「脱原発は東京の暇な人がやってください」と言う福島の人もいました。いままで原発を受け入れてきた自治体に住む人たちがいま、どう思っているのか。これだけの事故が起きて自分たちも避難生活をしているにも拘わらず、それでも原発に頼って生きていかざるを得ない人たちがたくさんいます。そこをきちんと理解し、その上でどうしていくのかを考えないといけない、単に事故が起きたから原発をやめようでは済まないという認識が強くなってきました。

もう少し時間をかけて考えないと、あまりにも上っ面だけのものになるのではと思い直し、今年度一年間かけて、福島担当だけでなく他の東京のスタッフやボランティア、会員も一緒になって勉強し、議論を重ねていく中で私たちの立場と考え方をまとめていくことになりました。また、脱原発運動や再生可能エネルギーの推進運動を進めている自治体を訪問する計画も立てているところです。組織としてはいままで国内問題について行動を起こすことはなかったので、一つの大きな転機です。

谷山（博）　ＪＶＣの福島への関わりについては、逃げられない運命が待っていたという思いを持っています。私たちは自分たちの当事者性ということを中長期方針でも前面に押し出していて、日本に責任のあるところについては救援活動をするという方針です。たとえばパプアニューギニアの津波被害の救援を行ったのは、津波被害が大きくなった要因の一つが森林伐採だったからです。このように自然災害だって日本に関わりがあるし、戦争はまさにそのような関係性があるから支援に入っています。原発の問題も当然自分たちに突き付けられた出来事なので、スタッフから支援をしようとの声が自然に上がりました。

イラクやアフガニスタンで起きていることが日本の中で起きているという感じを抱きます。たとえば紛争地では難民支援も大事ですが、国内にとどまっている人への支援も必要です。でも多くの場合、難民は「悪の枢軸」から逃げてきた善良な人たちだから難民支援は当然とされて、国内に入って支援すると非難されることもあります。まったく同じでないとしても、それと似たような構造を福島は抱え込んでしまっています。福島にとどまっている人たちを支援することはとどまるという傾向を加速化させるから、避難する人たちを支援すべきだというのも一つの見識です。一方で、とどまっている人たちはとどまらざるを得ない理由があります。JVCはそこにいなければ現場はわからないというスタンスを海外で貫いてきたので、指向はそちらに向きます。こういうことが日本の中で現出したことは大きな驚きです。

その中で分断は終息していないし、私たちもそこに巻き込まれていきます。今月［四月］下旬、福島県三春町で花見祭りをやりますが、それに対する批判が出てもおかしくありません。批判は受けて立つつもりです。そうした分断を私たちも当事者として抱え込んだというのは、すごく大きな経験です。

難しいのはアドボカシーです。デモがアドボカシーと呼べるかどうかわかりませんが、JVCの南相馬担当の若いスタッフは、プロジェクトに関わっているとデモを感性的に受け入れられなくなってくると言います。同じ感覚は僕にもあって、デモに行ってスピーチをしたりしながらも全然違う基軸が一方にあります。それはさきほど小松さんが言っていた、原発を受け入れてきた人たちのことを理解しないといけないということと通底していると思います。「東京の人たちは危ないとか、もっと放射能に敏感になれというが、一番敏感なのは自分たちだ。なぜいままで原発のことを黙っていた東京の人間が私たちに指図するんだ」という、現場で言われた言葉とも通底します。口に出さずとも「何なんだ、東京の人間は」と思っている人は結構多いと思います。

――さきほど渡辺さんから、脱原発を主張するために福島を利用していると思われたくないという話がでました。原発災害のように地域を根こそぎにして大打撃を与えるような出来事が起こったときに、政策を変えるということとは別に、ローカルな場で被害者・被災者に寄り添いながら共に考えていこうという観点が出てくるのがＮＧＯの基本的スタンスであるとしたら、脱原発なら脱原発という単一の課題の政策的実現をめざす社会運動との間で組織観・運動観の違いや矛盾、角逐が、ある局面で不可避になる…。

満田　私は全然そう感じていません。三・一一後に感じたのは、これは私たちが属する社会そのものの危機だということです。福島で起きている放射能汚染をめぐる分断や悩みや見解の違いなどが生じたそもそもの原因は原発事故にあり、それはそもそも私たちの社会の構造が生み出したものです。大量エネルギー消費社会を支えるものとして原発依存の構造が生み出され、原子力ムラのような歪みやいろいろな矛盾が生まれました。ですから私の中では福島支援と脱原発運動は矛盾していないのです。

昨日、福井県のおおい町を訪ねて町の人に話を聞きましたが、むしろ来てくれてありがとうと感謝されました。もちろん拒否した人もいましたが、いろんな意見を持っていても隣の人と話ができない、外から人が訪ねてきて原発についてどう思うかと聞いてくれたから初めて言えた、ということでした。「美浜の会」など関西の団体は、以前から地道にそういう聞き取りを行っているのですが、前の聞き取りではこんな声もあったそうですと言うと、知らなかった、同じ意見の人は意外と多いんだねと言われました。

福島もそういう面があって、特に原発事故直後は報道管制が敷かれたのか放射能汚染を新聞記事にできなかったらしいです。外から来た人をよそ者と感じた人もいるかもしれませんが、感謝してくれる人も多くて、いままで言えなかったことを言える場を作ってくれたという反応が多いです。

谷山（博）　原発は誘致の手法や情報統制の問題など他の問題と共通する点がたくさんある。また原発がなくなればいいという問題でもありません。今回の事故が、エネルギーにしろ、何にしろ、一極調達型の社会の危険性に気付くきっかけになったと思います。原発を止めることがほかのさまざまな問題を変えていく一里塚になると思いますが、もしそれがうまくいかなかったら、はたして日本を変えられるのかという暗澹たる不安もありますね。変えることはすごく難しいとは思いますが、三春町の女性たちによる農産物加工場での自然エネルギーのとりくみのように、政策を大きく変えるという以外の変化は確実に積み重ねていけると思います。「百姓自然エネルギー網」のような試みは希望を持ちながらやっていきたいと思いますが…。

満田　草の根でそういう動きがあるのは希望が持てますが、政策を変えないと結局、公共的な投資がそちらに向かいません。草の根を大切にしつつ、政策を変えることも同時にしていかないと自然エネルギーは伸びて行きません。

――満田さんや渡辺さんの所属するＦｏＥは国際環境ＮＧＯとしてそうした課題に長年取り組んでこられた。三・一一以降、それ以前の海外の大規模開発現場における環境問題へのとりくみと比べて、活動の中身が大きく変わったということはありますか。

渡辺　受益者と受難者が異なる構造は、原発も途上国の大規模環境破壊の問題も共通して持っています。途上国での地元産業の衰退、地域の分断、住民の移転や伝統的暮らしの破壊といった問題は、まったく同じではありませんが福島で起きていることと共通しています。アジアへの原発輸出について日本の経験を伝えるという意味で国際的なつながりもあります。ですからフィールドが国内になっても私は違和感を覚えませんでした。三・一一以後は協働する団体が圧倒的に増えたので、いろいろな団体や考え方の人と接して学ぶことも多く、ＦｏＥの特徴も逆に見えてきました。

満田　私自身にとっては、三・一一後、これまで私が知らなかった、長年原発問題にとりくんできた日本の市民運動の人たちと一緒に活動できたことが大きな意味を持っています。一緒に活動している市民運動の人たちは専門性も気概もありセンスもよくて、たとえば再稼動問題でおおい町に入っていくとき、地元の人に丁寧に説明したり、地元で運動をやっている人とともに活動をくみたてたり、一軒一軒訪問して、こちらの主張を言うのではなく、相手の意見をきこうとしたりという、地元を大切にするていねいなやり方も学ぶところが多いです。政府交渉の場でもいつも喧嘩腰なのではなく、相手の矛盾をきちんと突いていく、割と実際的な姿勢です。

「自立支援」と再生・復興——NGOだからできること

——被災地の「自立支援」についてＮＧＯができること、行政とは異なる市民の視点で再生・復興を考えるときに、ＮＧＯだからこそできることは何だと考えますか。

谷山（博）　福島に限ったことではありませんが、自立できる状況ではないのに自立が語られる一方で、逆にこのまま支援され続けていたらだめになってしまうのではないかという危機感を語る人も現地にはかなりいます。そこの兼ね合いを考えながらきめ細かい後押しをできるのがＮＧＯです。現地で立ち上がろうとする人たちをＮＧＯが支え、時間をかけて事例を積み重ねていく中で自信がついて、外から来る人たちと地元の人たちのコミュニケーションが深まっていくのではないでしょうか。たとえば宮城・気仙沼での支援活動も最初は何も見えませんでしたが、鹿折地区の四ヶ浜という集落にどっぷり入って活動する中で、どこを後押ししたらいいかが一年経ってやっと見えてきたという感じです。

それを政策化するのもＮＧＯの役割ですが、小さな事例を積み重ねていかないと難しい。たとえば災害ＦＭの認可の期間は通常は三カ月ですが、南相馬に限らずすべての災害ＦＭは二年間存続できることになりました。多くの地域で災害ＦＭはすでにコミュニティの絆をつなぎ直すための場になっています。しかし、コミュニティＦＭに発展させるのは地元の商工会や企業が被災している中では経済的にとても難しい。そうした状況で災害ＦＭをコミュニティＦＭにつなげる制度がないのです。そこで制度を作らせるのがＮＧＯの役割です。ですから今年は、復興ＦＭという概念を基軸に災害ＦＭ関係者のワークショップを開催すると同時に政府への働きかけを行っていきます。

谷山(由)　すぐに自立という状況にはないので寄り添っていくしかありません。仮設住宅のサロン運営をしている「つながっぺ南相馬」という団体の代表の今野由喜さんが、自分たちは三つのステップが必要だと言っています。第一のステップは、受けた傷を癒すこと、第二は、震災で以前の関係性が壊されバラバラになり、知らない者同士が仮設で隣り合って暮らしていかなくてはならない状況で、あらためて絆をつなぎ直すこと、第三は巣立ちです。支援を受けるだけでなく、自分たちも仮設にいながらできることを通して絆を作り直していく、そういうプロセスを経てやっと新しい生活を始めることができるとおっしゃっていました。その長い時間がかかるプロセスにNGOは寄り添っていくことが大切ですし、そこから見えてくる問題を行政や政府に訴えていくことが大事だと思います。被災地のことが忘れられてしまわないようにすることも私たちの役割です。

小松　復興支援に関わるアクターは大きく分けて行政、社協を含む地元の民間団体、そして私たちのような外部の団体とがあります。外部から来た団体が行政と違うのは素早く動ける点です。必要とされていることは何か、それを見つけたらすぐにモデルづくりを始めることができます。このモデルづくりの役割は普段海外の現場でも行っているものです。逆に外部団体であるからこそ難しいと感じることもある。地元の人からは「どうせいつかは帰るんでしょう」と思われています。外部のNGOが関わるときは財政的にいつまでできるのかと同時に、いつまでやるべきなのかを考える必要があります。結局は地元の人たちが主体となって活動していくわけですから、私たち外部の者たちの関わりは限定的にすべきなのかとも思います。国際的な大手ＮＧＯのワールドビジョンが被災地で地元ＮＧＯのキャパシティ・ビルディング（能力強化）を大々的にやる計画があるようですが、それも一つの方法です。また、地元の社協が力を高めていくことも確かに必要です。ただ、それに遠慮して外部団体だからここまでしかやりませんというのは必ずしも正しいとは言えません。支援に参加している以上、できることはやるべきだとも思います。そこは悩みます。

海外での活動を振り返る

――外部者として関わるのは海外でプロジェクトをやる場合も同じですよね。今回経験した問題は海外で経験する問題と共通点はありませんか。

小松　一つ言えるのは今回は支援する側もされる側も初めての経験だということです。私たちも国内で活動するのは初めてだし、支援を受ける側もわけのわからない名前の団体がやってきて物を配るという経験は初めてで、どう受けとめていいかわからない。そこで軋轢が生まれるのはある意味で当然です。ひるがえって海外の場合は、外国から来る私たちもその国の首都からやって来る私たちのパートナー団体も外部者です。そこでどういう軋轢が発生したのかしなかったのか、実は私たちには見えていなかったのかもしれません。

たとえばインド洋大津波のとき私はスリランカに行きました。ここでは日本の私たちが現地で直接支援することはなく、現地のパートナー団体を探してそこに資金を提供するという形で関わりました。そういう団体はたいてい首都圏にある大きなＮＧＯで、いまの私たちと同じような経験をしているわけですが、私たちの目から見ればあくまで現地の団体であり、被災地にとって外部の存在だという認識はない。しかし今回私たちが経験したように、同じ国内であっても被災地の目から見ればそうしたＮＧＯも外部の団体であって地元の団体とは厳然と区分けされており、外部の団体に対する恐怖感や拒否感が存在します。それは私たちがこれまで海外であまり意識してこなかったことだと思います。通常やっている村落内の活動でそれを意識することはありますが、緊急救援活動ではそこまで意識していなかったと思います。

谷山(由)　私たちも似た経験をしています。たとえばアフガニスタンのある地域で支援活動を行う場合には、その地域の文化・習慣、力関係に配慮しながら活動をしていかなければならないのでアフガニスタンのパートナー団体を介して入っていきます。都市部にある団体ですからその団体も支援先の人たちから見れば外部者ですが、私たちよりは現地のことをわかっています。今回は日本の中で私たち自身がその団体の役目をしているわけで、やはり外部者であることを意識します。たとえば言葉からして違います。東京の人は早口だ、テンポが速いと言われます。また私たち自身が自分の地元で自治会活動をしていないので、被災地の自治会の人たちにどこからどうアプローチしていけばいいのか戸惑います。

小松　今回のことでわかったのは、いままでパートナー団体が本当に大変だったんだなということですね（一同笑）。

谷山（博）　気仙沼で活動している仲間が「信頼関係を築くのは長い時間がかかるけれど、失うのは一瞬だ」と言っていました。受け入れてもらったとしても完全には受け入れてもらっていないことが多いし、それに気づかない場合も多い。ずっと現地に張り付いていると信頼関係を崩すようなこともあります。たとえば写真一枚撮るのにも気を遣います。でも張り付いているからこそ、そういうことに気付くのです。ぱっと入って来て写真を撮って出て行ったら、それがどう受け止められているかまったくわかりません。そうしたことを乗り越えていくことそのものが、何かを一緒に作っていくということです。

小松　写真を撮る難しさは痛感しています。海外ではバチバチ撮るんですが（笑）、今回は本当に撮れないです。恐らくその差は関わる立場の違いからくるのではないでしょうか。海外ではいわばドナー［資金提供者］として行くのでどこかで奢りが出て遠慮がなくなっているのかもしれません。いまは直接関わっている人たちを前に無遠慮に写真を撮ることはできないという感覚になっているのかもしれない。今回、逆に海外から資金援助を受ける立場になってみて、これまで海外のパートナー団体が置かれた大変さもよくわかりましたし、パートナーシップのあり方を見直さなければならないという議論をしています。

谷山（由）　ドナーから成果は出たかと報告を要求されると、まだそれほど目に見えるものがあるわけではないので厳しいと感じます。これまで逆の立場から私たちもそれと同じように、そんなにすぐに成果が出るものではないのに「どれだけ成果が出たか」とパートナー団体に迫っていたのかなと思います。

谷山(博)　その問題は市民社会組織（ＣＳＯ）〔非営利で公益に関心をもつ様々な組織の総称。地縁組織、宗教団体なども含む〕の世界では大変深刻な問題になっています。ＮＧＯの草創期はあまりドナーの意向に振り回されることなく、学習プロセスとして活動していました。ところが資金が多く出るようになり、政府の助成枠も増え、アカウンタビリティ（説明責任）の議論が出てくるようになると、どんどん管理が厳しくなってきて、学習プロセスではやっていけなくなるのです。日本だけでなく世界中で、資金によってがんじがらめになって住民と寄り添うことができなくなるという危機感が募っています。

ＣＳＯはこれまで政府の援助効果を問うてきましたが、いまＣＳＯ自身が問われています。ＣＳＯはプロジェクトで成果を出すことが本来の目的ではなく、当事者が政治・社会を変革するプロセスを「開発」と位置づけて、それを後押しすることに関わる組織です。ところが、それができないようなお金の仕組みになっています。日本のＮＧＯは海外の現場ではまだこの問題を切実に感じていないかもしれません。でもいま日本の現場では直接に住民と接しているので、資金のあり方ががんじがらめだと住民との関係が壊れたり、変容したりするのを実感します。この経験を政策環境や資金のあり方を変えて行くことにつなげるきっかけにしたらいいと思います。

竹内　いままで援助される側ではなかったのでわからなかったことが、今回すごくリアリティをもってわかりました。私は立場上、今回の震災支援では国内外のドナーを被災地の現場につなげることをしていますが、海外のドナーが現場の人に「ストーリーを寄こせ」と求めたりするわけです。この人たちはどこかの難民キャンプを調査するのと同じように日本の被災地を調査しているのだろうなと思いましたが、私は同じ日本人として現場のいろいろなことがわかるので、いたたまれなくなったりします。今回、こういう状況にならなければそういうことも感じられなかったわけで、この経験は宝だと思います。

満田　ＦｏＥは福島の人たちと一緒に活動するというスタイルをとってきましたが、放射能汚染のことを真剣に考える親たち、特に、元気があって政府に物申していく人たちは、遅かれ早かれ避難していくので、どんどん現地のパートナーが減っていくという、このテーマの特殊性による悩みがあります。また東京と福島の活動のテンポの違いもあります。たとえば政策的にはこのタイミングで手を打たないとだめだとなると、「現地の声を急いで形にしてくれ」とついせっついてしまいます。しかし現地には現地のテンポがある。「土湯ぽかぽかプロジェクト」についても、なるべく現地で自立できるようにしたいのですが、現実に何かを動かしていこうとすると何もしないわけにはいかず、思わず手を出してしまうことがある。その辺はみなさんの経験をお聞きしたいなと思います。

教訓をどう生かすか

――今回の活動から得た教訓で、今後、海外での活動に生かせるものは何でしょうか。

小松　一つは、先ほど述べたようにパートナーシップのあり方を見直す必要性を感じていることです。逆に海外で得た経験、たとえば当事者主義、取り残されている人々を重視するといったことは、今回日本での活動に活かせたのではないかと考えています。

谷山（博）　小松さんの言ったこととすごく近いです。地元の人たちとどのような関係を作るかについては、これまで散々語られてきました。たとえばＪＶＣは一九九五年にパートナーシップのあり方などについて行動基準を作りましたし、二〇一〇年に世界のＮＧＯが作成した「ＣＳＯの開発効果に関するイスタンブール原則」［人権・社会正義の尊重、ジェンダーの平等、透明性・アカウンタビリティの遵守等を謳う］でも「公平なパートナーシップ」を謳っています。これを実際の現場において実現できているか、福島や気仙沼の経験を通じて見直すことができると思います。

また、自然災害に対してどういう基準でどういう関わり方をするのか、アクションプランを作成中です。今後日本で自然災害が起きた場合にどう関わるかについては一概に言えません。個人的には、人災的要素を伴っていないと関わらないのではないかと思います。原発関係だときっと動くと思います。今回宮城を支援することになったのは、被災規模が圧倒的だったことと、これを機に不況からの脱出を目論むショック・ドクトリン［政変・災害などにつけ込んで市場原理主義改革を強行すること］になるだろうことが、経済中心の復興計画によって見えていたからです。災害は天災だけど、災害からの復興は人災になることも十分にある得ると思ったからです。

渡辺　新規に原発を導入しようとしている国に対して、今回の日本の経験を世界に伝えることが私たちの役割だと思います。特に市民から市民に直接、福島の人の生の声を伝える機会を作ることができると思っています。

満田　個人的にはとても多くのことを学びました。これまでは重要かもしれないが狭い分野でお行儀よく政策提言活動をやっていました。今回いままでより多くの一般の市民と一緒に、短時間でたくさんの人の声を集めたり、あるときは政府に対してあまりお行儀よくない形で対峙したりという経験を積んできて、個人的にはいろいろな手を覚えました。それを組織全体で共有できているかといえばそれは分かりませんが、多くの人たちと思いを共有してそれを運動の力にしていくという経験は、今後いろいろなところで生かせると思います。

竹内　今回の経験を通じて、海外での自分たちの活動を客観的に振り返ることができたのはとても意味があったと思います。また、どういう切り口で関わるかという点もそれぞれの団体に突き付けられていると思います。「国際防災ＮＧＯ」として関わるのか、それとも、先ほど谷山さんが言われたような意味でのＣＳＯとして、世界を変えるようなインパクトを与えるために関わるのか。後者は火事あるところどこでも行くというわけではないですよね。

今回、言葉も文化もほぼ同じ日本という現場において、農村支援のノウハウを日本で一番持っているシャプラニールが苦戦したと聞いて、それだけ難しいのだとあらためて痛感しました。いままでは、支援を受ける途上国側に外国の援助を受け入れる素地がすでにあったから、そのことに気づかなかったのかもしれません。日本でやってみると意外に難しいことが分かった、失敗に気付いた、その学びはとても大きいと思います。それは今後の海外での活動に生かしていけると思います。そして、福島に関わった各団体がその関わりの意味合いをどう考えるか、それが浮き彫りになったなら、新たなＮＧＯのカテゴリーができるのかもしれません。そうなったらとても面白いのではないかと思います。

12

境界を超え、支援と運動を未来につなげる
――複合惨事後社会とＮＧＯの役割

中野憲志

はじめに

原発の「安全・安心」はもとより、エネルギー政策にせよ、三・一一クラスの地震・津波に備える防災対策から「復興」の中身にせよ、これまで通りの政策と意思決定のあり方を根本から変えなければ、きっとまた同じことが起こってしまう。今回が日本を変える最後のチャンスになるかもしれない――。

三・一一直後、大震災がもたらした破壊的被害の甚大さに言葉を失くしながら、私たちの多くは本気でこのように考えていたように思う。今ではもう遠い昔のようにも思えてくるが、当時、追悼と追憶とともにこの国の未来を案じる何とも神妙な空気が日本中に漂っていた記憶がある。

ところが、「文明論的転換」「戦後社会の抜本的見直し」までもが飛び交っていた三・一一直後の神妙

な空気は、その後急速にしぼんでゆく。そしてやがて、「三・一一事態」を招いた者たちの政治・行政・法的責任を不問にし、被災・被ばく者、「自主避難」者を置き去りにしたまま、どこか「のっぺりとした空気」が日本社会を包み込むようになる。

三・一一後しばらく続いたあの空気と、ロンドン五輪直近の今のこの空気の落差は、あまりに大きい。日本は「三・一一事態を二度とくり返さない社会」を構想するどころか、「国民主権」の否定の上に成り立ってきた三・一一以前的な官僚主権国家へと舞い戻ってしまったかのようだ。

「こんなことは許せないし、許されてよいはずがない」と思う。なのに、許されている。主権者や地域住民の多数派の意思を行政府が反映していないにもかかわらず、大震災と原発惨事の複合惨事後の市民社会が国や自治体が打ち出す個々の政策の立案・決定過程から構造的に排除され、その意思を政策に反映させることができないでいる。行政府が、そして主要政党が打ち出す諸々の政策を変えるだけのパワーを、私たちが持たないからである。

この状況を変え、「戦後への回帰」ではなく、〈複合惨事後〉と呼ぶに値する社会をここから創りあげるためには、私たちにはもっとパワーが必要だ。与えられた紙幅の中で、そのために国際ＮＧＯ（以下、ＮＧＯ）にできること、しなければならないことを考えてみたい。

一　「国民が守られない国家」とＮＧＯ

東北三県での支援活動に取り組んできた日本を代表する国際（緊急人道支援）ＮＧＯの一つに「難民を助ける会」がある。会は二〇一二年春、「東日本大震災支援活動一年報告　2011/03－2012/03」をまとめた。「報告」はその中で次のように書いている。

> 原発周辺の住民の方々の安全を確保する姿勢や取り組みの著しい欠如は、日本の国のありようが、根本から問われる恐ろしい事態でありました。国家によって国民が守られないのは、途上国だけの話ではないのだと、実感いたすと同時に、だからこそ、私たち、民間団体が活動すべき空間、領域があるのだと考えます。〔中略〕原子力災害は、私たちがこれまで取り組んできた地雷や不発弾同様、まぎれもなく人道問題です。（強調は中野による。「報告」の全文は http://www.aarjapan.gr.jp/activity/japan/ を参照されたい）

私たちが生きる国は、「国のありようが、根本から問われる恐ろしい事態」に直面してもなお、「国民が守られない」国家である。「報告」がこのように断言するのは、報告者が「原子力災害」から福島県相馬市に設置された仮設住宅へと逃げてきた被災者の生の声を聞き、それらを代弁しているからである。シリアのような「途上国」であろうが、日本のような原発「先進国」であろうが、国家は「いざ」というときに、逃げ惑う一般市民を守らない。市民を「保護する責任」を果たさない。国家は国家の「安全」や統治の「安定」は自らに保障するが、生きた「人間の安全」を保障しない。私たちが「人道上の問題」と捉えていることが、実は「国民を守らない国家」に端を発した、まぎれもなく「政治上の問題」の反映なのである。私たちはそのことを「実感」した。これだけの複合惨事、「人道的危機」を引き起こしておきながら、責任転嫁と責任逃れに終始し、誰一人として処罰されることのない国、その「原子力行政」とはいったい何なのか。国、東京電力、一部自治体の無責任さに心底怒り、呆れながら私たちは何度もそう自問したはずである。

国は福島を守らなかった。福島市のある高校生は「見殺し」にした、とまで言う。

福島市ってこんなに放射能が高いのに避難区域にならないっていうのおかしいべした（だろう）。これって、福島とか郡山を避難区域にしたら、新幹線を止めなくちゃなんねえ、高速を止めなくちゃなんねえって、ようするに経済が回らなくなるから避難させねえってことだべ。つまり、俺たちは経済活動の犠牲になって見殺しにされてるってことだべした（だろう）。（中村晋「福島から問う「教育と命」」『世界』二〇一二年四月号、一〇四頁）。

国は福島を「見殺し」にした。何とも強烈な表現だが、「国」には一言も返す言葉がないだろう。では、日本の「市民社会」、NGOはどうだったのか。

ここで最初に問われるべきは、福島の高校生のこの「実感」が東日本大震災の緊急・復興支援に取り組んできた他のNGOの中でその「実感」がどこまで共有されているかにある。NGOの多くは早くもその「実感」を忘れてしまっているように見える。これまで公表されてきた東北・福島支援の活動報告がどこまで「実感」に基づいたものであったか、検証と総括が必要な段階に入っている。

二〇一一年三月から二〇一二年六月までの間に東北三県の災害ボランティアセンターに届け出があったボランティア総数は約一〇四万人。この内、福島はわずか一五万人余り、全体の一四％に満たない。しかし統計を詳しく見ると、福島の「見殺し」の構造がより鮮明に浮かび上がってくる。二〇一一年一二月からの半年間では、三県全体が一二万五〇〇〇人であるのに対し、福島は八五〇〇人に過ぎない。全体の七％に満たない人数である（「全社協　被災地支援・災害ボランティア情報」http://www.saigaivc.com/を参照）。

東北支援に入ったボランティアのみならず、NGOの圧倒的多数が福島を素通りし、福島全体の孤立化を招いたことは否定しようがない。「ガンバレ日本！」と「絆」キャンペーンに対する違和感は当初より表明されてきたが、実は「絆」そのものが最初の最初から福島の県境で大きく断たれていたのである。もちろん、理由がないわけではない。何よりも放射能汚染・被ばくに対する不安と恐怖、また宮城や岩手と比し地震・津波被害の規模が相対的に小さかったことなど、理由はさまざま指摘できる。しかしそうだとしても、日本の「市民社会」、支援サイドもまた県境の垣根を崩すことができず、意図せざる「見殺し」の構造をつくってしまったことは統計がはっきり物語っていると言わざるを得ないだろう。「国民が守られない国家」と被災、被ばく者の「見殺し」の構造。そこには国と東電を断罪するだけでは済まされない〈福島〉の現実がある。支援と運動の手を未来につなげるために議論し、解決すべき課題はとても重い。

福島の再生・復興に向けた諸課題

国や自治体の「復興振興」の大合唱とは裏腹に、原発大惨事が震災被害に追い打ちをかけ、福島の復旧・復興工程は遅々として進まない。「原発事故の収束なくして福島の復興はありえない」とこれまで何度も語られてきたが、福島第一原発一～四号機の「収束」作業は、今後四〇年はかかるといわれている。しかし、四〇年で作業が完了する科学的根拠は何もないし、そもそも「収束」することがありうる

＊野田政権による「冷温停止状態」宣言（2011年12月16日）と、福島第二原発の「原子力緊急事態」解除（同月26日）に伴う「避難・警戒区域」の再編を表した地図（福島民報の地図をもとに作成）。なお、飯館村は2012年７月17日、年間被ばく放射線量が50ミリシーベルト超で長期間戻れる見込みがなく、立ち入りを制限する「帰還困難区域」と、立ち入りはできる「居住制限区域」「避難指示解除準備区域」の三つに、さらに再編された。

のかどうかも定かではない。

根本的な問題は、原発の「収束」作業と同時進行する形で、一方における自治体の「復興」事業と、他方、東電の賠償額の軽減のみを目的としたとしか思えない「避難・警戒区域」の再編↓被災・避難住民の「帰還運動」が行われてきたところにある。その結果、除染は進まず、汚染がれきの処理、「仮置場」や「中間貯蔵地」問題も解決に向けた進展はみられず、いわば二次・三次の被災／被ばく被害が広がっているのである。

こうした状況の中で、双葉町と並ぶ福島第一原発の立地自治体である大熊町の住民は、二〇一二年六月、国に対し「緊急要望書」を突き付けた。

福島県大熊町民の緊急要望書

内閣総理大臣　野田佳彦様
経済産業大臣　枝野幸男様
環境大臣　細野豪志様
内閣特命大臣　平野達男様
厚生労働大臣　小宮山洋子様

私達大熊町民は、中間貯蔵施設の早期建設と、住民に対する丁寧な説明が必要であると考えます。

福島県内にある仮置場の周りで人の姿が消えています。野外で遊ぶ子供がいなくなりました。この責任は、国と第一責任者である東京電力が真っ先に負うべきものです。

事故を起こした東京電力が存在するのは、大熊町であり、大熊町に中間貯蔵施設を建設して、汚染ゴミを一時保管するしかないのです。また、住民に対する政府の説明がないのも事実であります。何十年と帰れない日々を過ごす私たちにとって、大熊町がどの様な形になって存在するのかは、最大の関心事なのです。

同時に、財物（土地・建物・家財等）の完全補償を要求します。今般の原発事故は、監督官庁である経済産業省の責任であり、明らかな人災であります。自民党から民主党へと受け継がれてきた原子力政策が、今回の過酷な事故を引き起こしています。私たちはこの事故により、故郷を追われ現在の避難生活を強いられております。国の責任において、財物補償をするべきであり、正当な権利として「財物の完全補償」の実施を要求します。

「被曝健康手帳」（仮称）の配布を要求します。震災直後の政府の対応のまずさによって、福島県民は大量の被曝をしていると思われます。現在福島県に居られる方、そして除染作業に従事されて居られる方も被曝をしております。数年後から被曝による病気（ガン、心臓病等）の大量発生が予想され、不安が増大しております。この「手帳」の配布によって、定期通院・医療行為の無償化等を実施すべきです。私達には「生命」を守り、「幸福」な生活を送る権利があります。

緊急要望事項

一、正当な権利として「財物の完全補償」を要求します。

一、中間貯蔵施設の早期建設と、住民に対する丁寧な直接説明を要求します。

一、「被曝健康手帳」の福島県民への配布を要求します。

平成二四年六月

大熊町町政研究会（代表　木幡仁）

発起人代表　木幡仁（以下、発起人三六名）

福島第一・第二原発の立地自治体周辺住民や福島の人々が直面する問題は震災と原発惨事ばかりでは

ない。「災害後の被災地では、災害前の社会矛盾が剝き出しになる」とは震災後しばしば耳にした言葉であるが、すでに災害前の被災地で社会問題化していた諸矛盾が県東部の浜通り地域を中心に福島でも「剝き出し」状態になっている。全般的な「少子・高齢化」社会の進行、「限界集落」の存在、社会保障・医療‐介護制度の崩壊的危機、さらには「格差・貧困」社会の中の「都市と地方の格差」の拡大等々である。

このように、福島の再生・復興に向けた課題は、きわめて多岐にわたっている。震災関連でざっと思いつくだけでも、以下のようなものがある（順不同）。

①すべての人々に対する被ばく医療を含む医療保障（現在の居住地を問わない）。
②福島県内外の仮設住宅・「借り上げ」住宅に住む被災者への支援。
③きめの細かい放射線量の実態把握と情報公開（住民への周知）、および汚染された県内各地の除染促進と住・自然環境の回復。
④右の①から③の実現と深く関わる国・東電の法的責任の明確化と賠償請求。
⑤農業をはじめ漁業、牧畜、地元企業などの再興。
⑥「原発に依存しない福島」に向けた福島第一・第二原発（東電）全一〇原子炉の廃炉、計画中の浪江・小高原発（東北電力）の計画撤回、その他「原子力産業」の撤廃。

これら以外にも相双地区（いわき市を除く「浜通り」地域）の「仮の町」構想、三・一一事態を踏まえた今後の原発防災対策、福島第一原発の「収束」作業に従事する労働者の被ばく防護と権利保障、教育現場における脱原発なき「放射線教育」の問題性等々、個別に取り上げるべき問題は多々あるが、次にこれら福島再生・復興の諸課題の実現に向けＮＧＯが果たしうる役割を考えてみたい。

二　ＮＧＯの「専門性」と「ミッション」を問い直す

原発惨事が一体化した複合惨事において、国が「国民」を守ろうとせず、自治体が動けない状況の中では「市民社会」が動くしかない。だから、本書で紹介しているＮＧＯをはじめ、ごく一部のＮＧＯが「市民社会」とともに「緊急支援」のために動いた。すでに東北地方から撤退したＮＧＯも多く存在するが、当面とどまることを決めたＮＧＯは「緊急支援」から次の段階の活動方針をめぐり「模索」している最中である。

けれども、被災地では震災を機に剝き出しになった災害前の社会矛盾の上に、「人災」（「国会事故調査委員会最終報告」二〇一二年七月五日）としての原発惨事という暗い雲が重く垂れ込み、その解決を一層困難にしているのであるから、そもそも福島への支援活動はとても「緊急支援」で終息できるような性格のものではない。というより、これまでＮＧＯが当たり前のように語ってきた「緊急人道支援」という概念そのものが、実は「災害前後の社会矛盾には取り組まない」という前提のもとに成り立っていたと言うべきかも知れない。世界を股にかけて「災害のホットスポット」を転戦する国際ＮＧＯとしてそれは、「我々のミッション（使命）とは別の領域の問題」だったのである。福島に何度も足を運び、人々の話を聞いて思ったことは「本当にそれでよいのか？」ということだ。

冒頭で触れた「難民を助ける会」の「報告」は、今後の活動方針について次のように述べている。

福島県や県外に避難した方々へのより一層の支援に取り組みつつ、また、福島での救援活動を経験した日本の人道支援団体として、この経験を、海外の人道支援団体に提供していくことも私たちの責務だと思います。

「一層の支援」を行うことや、その「経験」を「海外の人道支援団体に提供していくこと」はとても重要な活動である。それらを会の「責務」とすること自体に誰も異論はないだろう。問題は「一層の支援」の中身である。残念ながら「報告」からは、震災直後から会が行ってきた「人道支援」活動を「一層」行ってゆくという以上の内容を読み取ることはできなかった。「国民が守られない国家」という「実感」と方針内容との間にどうしてもズレを感じてしまうのである。

もっとも、「報告」はきわめて模範的なNGOの報告書と言ってよい。「報告」はあくまでも人道支援NGOとしての「ミッション」と「マンデート」（個々の活動／事業の任務）に沿ってまとめられているからである。活動報告から導き出される方針もこれら「ミッション」と「マンデート」に即したものでなければならないというのがNGOの原則的考え方である。その原則を逸脱し、たとえば原発その他の政治問題に立ち入ることは「支援活動の政治化」を招き、「マンデート」からの逸脱をきたしかねない。それでは「中立」をモットーとするNGOの「本分」を踏み外してしまう…。

「報告」が提起する活動方針は、こうしたNGOとしての規範から踏み外さぬよう、報告者が自己抑制した結果のように読める。つまり、「ミッション」や「マンデート」とは、NGOが自らの活動を自主規制する装置と言い換えることもできる。「実感」と方針がズレる根拠がそこにある。

私たちは「緊急人道支援」「人権」「環境」「開発／国際協力」といったように、NGOを専門分野ごとの「ミッション」に応じて分類することに慣れている。しかしよくよく考えてみると、福島で活動する緊急人道支援ＮＧＯが被災・被ばく者の法的救済や人権・医療保障に向け、対国・東電・自治体交渉の支援活動や「脱原発」を自らのマンデートに新たに加えない理由はどこにもない。また、「人権」ＮＧＯはなぜ東北や福島で「人道支援」活動を行わないのか、環境やエコロジーを唱えるＮＧＯはなぜ原発大惨事に見舞われた福島でプロジェクト行わないのかといったように、これと同じことが他の分野のＮＧＯについても言えるだろう。

このように考えると、ＮＧＯが自己の「ミッション」の実現に向けて設定する「マンデート」なるものは、（こう言ってよければ）その時々において組織の意思決定を左右する人間（理事であったり事務局であったり会員であったり）の政治的想像力や発想力、個性や行動力などによって、どのようにでも変わりうるものだということがわかる。市民運動もそうだが、「言い出しっぺ」が責任を負うことをモットーとするＮＧＯの世界では、一会員の持続的活動が組織全体としての活動に発展することさえありうるのである。

たとえば、国際環境ＮＧＯのスタッフが福島の子どもたちの保養プログラムを親たちと一緒に立ち上げ、保養先の温泉で子どもと一緒に遊ぶこと（本書第5章参照）はＮＧＯの「マンデート」には存在しないはずだ。しかし、現実の要請の中で生まれたこうしたプログラムをＮＧＯが担い、支えることはとても重要である。そういう柔軟な発想とそれを現実のものにする「身体を動かしながら考える」とでもいった行動力がＮＧＯに問われている。

今後数十年続くことが避けられない福島の復興・再生の一翼を、もしもＮＧＯが自らのイニシアティブによって担おうとするなら、従来型のＮＧＯの組織観やプロジェクト観に囚われていると、どうしても限界がある。

研究者の集団でも職業的専門家集団でもない擬似専門集団としてのＮＧＯが自らを定義する「専門性」とはいったい何か？　ＮＧＯはこれまで自明視してきた自分たちの「ミッション」や「マンデート」を問い直し、自ら引いてきた活動の境界線を引き直し、領域を広げることが問われているとは言えないか。問題の核心は、ＮＧＯの、ＮＧＯによる、ＮＧＯのための組織と活動の再定義にある。

三　ＮＧＯ自身のエンパワメント

政策提言力のアップ

組織と活動の境界線を広げるために、ＮＧＯが進みうるベクトルを二つ提起したい。

一つは、「シングル・イシュー」（単一の課題）に取り組む市民運動や他の専門に特化したＮＧＯとの横との連携、ネットワーク化を意識的に進めること、もう一つは、先述したように自らのミッションに他の専門領域を積極的に組み込んでいくことである。より具体的にいえば、

①「活動報告」とは別に「活動の現場」から要請される、特定の「政治的イシュー」に関する「ポジションペーパー」や「政策提言」用のレポートを作成すること、

②専門外の領域について、その領域を専門的に取り組む団体・研究者との情報・知識の共有によってカバーし、たとえば共同の政策提言を練り上げることに積極的に関与すること、

などである（これらに関しては、本書第Ⅱ部の各ＮＧＯの報告および前章「ＮＧＯ共同討論」を参照されたい）。

これらは何らＮＧＯの「本分」を踏み外した活動ではない。むしろその「本分」をより発揮する活動

である。しかし総体としていえば、日本のＮＧＯの政策提言力は高いとはいえず、まして専門領域外の分野のＮＧＯや研究者との共同提言活動の実績はごく稀でしかないのが現実だ。政策提言力の弱さと政策提言型ＮＧＯの層の薄さは、日本のＮＧＯがかかえる最大の弱点の一つになっており、ＮＧＯがＮＧＯの「本分」を発揮できていないことが〈問題〉なのである。複合惨事後市民社会の変革のエージェントたりうるために、これら二点はＮＧＯにとって必要不可欠の要素である。

日本のＮＧＯは創成期の一九七〇年代以降（国際的には一九六〇年代）、まさに「市民社会の変革のエージェント」たることを自らの使命として位置づけながら、「対抗から協働へ」「反対から対案へ」をモットーに伸長してきた。しかし、国家・行政との協働・対案を組織と活動のスタイルとしてマニュアル的に適用するようなあり方は、官僚主権の「原子力ムラ」や「日米同盟ムラ」が幅をきかせる「国民が守られない国家」の下ではあまりに無力である。三・一一とその後の活動において、ＮＧＯ関係者の多くがそのことを痛切に実感したのではないだろうか。

官僚・行政機構から行政サービスの下請け機関のように捉えられたり、まるで行政機構の延長組織であるかのように国家と行政の側に取り込まれたりすることをＮＧＯ自身が明確に拒み、組織と活動の自立／自律性を確保していくためには、「対抗と協働」「反対と対案」の二者択一ではなく、これらを状況に応じて使い分ける二枚腰三枚腰の「腰の強さ」と柔軟性が必要である。

「現場」を知らなくては政策提言などできるはずもない。その意味では、政策提言は「現場」を知るＮＧＯに課せられた責務だといえる。圧倒的多数のＮＧＯは資金も人材も豊かではないのが現実だが、だからこそ被災者が置かれた「現場」を知るＮＧＯが市民運動や研究者との協働・連携を通じ、「国民が守られない国家」に対する批判を厭わない政策提言力をアップさせることが喫緊の課題になっている。

被災者の自立支援とNGOの自立

政策提言力の総体的低さが日本のNGOの最大の弱点の一つであるのに対し、被災者の自立支援はまさにNGOの得意分野であると考えられてきた。しかし、本当にそうだろうか。そもそも被災者が「自立」するとはどういうことなのか。そして「自立」するための支援においてNGOはどういう役割を果たすべきなのか。

「自立」とは、一般的には、被災後、精神的な傷から恢復し、援助を受けなくても生計を立てられるようになり、災害前の「コミュニティ」（行政単位としての自治体ではない）を回復または新たに作り直して社会生活を営めるようになること、と定義することができるだろう。問題はその目標に到達するまでのプロセスと、実現のための条件である。

行政の一時的機能不全までをもたらすあらゆる災害に対して、その直後の一定の期間において、衣食住などの基本サービスを外部から被災者に提供することは重要な活動だ。NGOが行う災害支援活動も多くはここに集中している。しかし、住居と仕事の確保、教育や医療・介護の体制の立て直しなど、被災者の自立を実現するための条件は、そのどれをとっても災後の行政的施策に裏打ちされたものでなければ整いようがない。「自立」という言葉は往々にして「個人が独り立ちして生活できるようになること」というように、個人に焦点をあてて語られがちであるが、実際には政治、行政、経済の仕組みなど、災前の状況を引きずった災後の社会的諸制度のあり方を抜きに語ることはできないのである。

つまり、「自立支援」とは、初期の緊急段階を除けば、不足しているモノやサービスを提供することではなく、被災者が「自ら生計と生活と人生を切り開こうとするとき、そこに立ちはだかる障壁を取り除くことを支援すること」にほかならない。その障壁とは、たとえば行政の官僚主義の悪弊や、被災者の考えや希望が反映されないような「社会的諸制度」とその意思決定システムのことを指す。また、被災者が精神的・心理的な回復をはかろうにも自立を急かされるという時間的障壁もあるだろう。福島の場合には、東電への賠償請求におけるペーパーワークの負担といった障壁も立ちはだかっている。

言い換えるなら、NGOによる「自立支援」とは、そうした当事者の肉体的・精神的・心理的回復を助けながら「当事者が政治・社会を変革するプロセスを〔…〕後押しすること」（本書「NGO共同討論」二四三頁）と定義することもできる。しかし、このような認識がNGOの間で広く共有されているようにはとても思えない。NGOが行う活動の多くが依然として不足しているモノとサービスの提供にとどまっているからである。

私たちは今回の震災においても、被災者自身が「いつまでも支援に頼っていたくない」「自力の生活を取り戻したい」と語るのをたびたび見聞きしてきた。行政やNGOから言われるまでもなく、早く自立したいと強く願っているのは他ならぬ被災者自身なのだ。被災者＝当事者が自らの力で再び立ち上がるのを阻む障害を一つひとつ取り除くプロセスを〈自立〉と捉えるなら、〈自立支援〉とはそのプロセスの伴走者になることであって、外から持ち込んだ物資や「サービス」の提供に限定されないことはもはや明白ではないだろうか。

NGO関係者の多くは、「そんなことはわかっている」と言うかもしれない。そうであるならなぜNGOはこれまで「伴走者」になろうとしなかったのか、なれなかったのか。日本においてこうした議論を深めようとするNGOがあまりに少ないのはなぜなのか。

問題の一つには、行政や民間ドナーからの資金は被災者の自立プロセスにNGOが「伴走者」としてNGOに寄り添い続けられないような仕組みになっていることが挙げられる。分かりやすくいえば、ドナーはN

GOにそのような「政治的」な役割を演じることを求めていないのだ。また、NGOの側の問題としは、支援にあたって当初的に設定する「ミッション」や「マンデート」が、状況の推移の中で被災者の「ニーズ」とミスマッチをきたしている現実をNGO自身直視しようとせず、現状に甘んじてしまっていることが、その「仕組み」を成り立たせるもう一つの要因になっているといえるだろう。

これまでNGOは政府を始めとするドナーからの資金援助を得て組織と活動の規模を拡大してきたが、むしろその結果NGOにもっとも求められている「伴走者」たりえなくなるというパラドックスを抱え込むに至ったようにみえる。このパラドックスからNGOが自由になるためには、資金活用のあり方を変えていくと同時に、ドナーからの資金に頼らなくても済むよう自前の財政基盤を強化することが問われてくる。必ずしも多額の資金を必要としない政策提言力の向上やネットワーキングなどは、まさに「NGOならではの自立支援」の活動と言えるだろう。自らの本分を発揮するためにも、NGOには他の誰でもない自身の〈自立〉こそが問われている。

おわりに

従来のNGO観では、各国・各地の市民／住民運動はNGOが「外部」から支援する「当事者」の運動であった。運動の舞台装置の中では、主役はあくまでも当事者が演じ、NGOは主役が演じやすいように「コーディネート」役を担いながら、幕の内側で動き回る「黒子」のような存在であった。

けれども、NGOが被災者の自立の伴走者たらんとすることは「黒子」から舞台の「共演者」になることを意味している。被災、被ばく、避難者と共に走り、動き、語らい、運動を起こすこと。NGOが

〈福島〉が提起する諸問題・諸課題から目をそむけず、福島と生きようとすることは、NGOがそうした営みによって当事者性を獲得することに他ならない。それは個々のNGO、スタッフにとっても、日本のNGOの歴史にとっても画期的な出来事になるはずである。

国や国際機関、自治体やドナーに目を向けるのではなく、被災地の現場の現実に目を向け、被災者の声に耳を傾けること。そしてローカルな運動の環の中に自らを位置づけ、そこから自分たちのアイデンティティ（＝ミッションとマンデート）を不断に問い続けること。〈福島〉は、今後数十年にわたり、そうした試練と挑戦の機会をNGOに与える〈場《フィールド》〉であり続けるだろう。

私もまた、その〈場〉に向かい続けようと考えている。

参考文献

三好亜矢子・生江明編『3・11以後を生きるヒント―普段着の市民による「支縁の思考」』新評論、二〇一二。
真崎克彦『支援・発想転換・NGO―国際協力の「裏舞台」から』新評論、二〇一〇。

あとがき

本書に収めた福島の声やＮＧＯの苦闘の跡を辿ると、あらためて三・一一がたんに規模の大きな災害だったのではないことを思い知らされる。

三・一一が顕わにしたのは、この国の政府が人の命を守ることや住民の意思の尊重などごく当たり前のことさえしようとしない、できないという、統治の崩壊とも言うべき事態である。実はそれは、菅野正寿氏（本書インタビュー）が言うように、福島や東北の各県では震災以前から農漁村の疲弊という形で顕在化していた。それが震災と原発事故によって非情な形で私たちの目の前に突き付けられたに過ぎないのである。

三・一一後の社会に希望の芽を見出すとしたら、「地域の住民を主人公とした地域の再生」（本書九三頁）こそがこれから私たちの目指すべき道だと、多くの人が感じはじめていることである。その希望の芽をＮＧＯが育てることができるかどうか。それが問われていることを、本書に関わったＮＧＯも感じている。そう考えると、ＮＧＯは目前の被災者の「ニーズ」に応える以上に何をすべきかをいよいよ検討する時期に来ていると言える。

これまで私たち編者は、ＮＧＯが政府からの独立性と社会変革の志向性を失いつつあるのではないかとの危機感を抱き、他のＮＧＯ・研究者の仲間とともに問題提起を行ってきた（『国家・社会変革・ＮＧＯ―政治への視線／ＮＧＯ運動はどこへ向かうべきか』二〇〇六、『脱「国際協力」―開発と平和構築を超えて』二〇一

一、ともに藤岡美恵子・越田清和・中野憲志編、新評論)。だが、三・一一がＮＧＯに突き付けているのは、人間を守らない国家にどのように対するのかという、もっと端的で切迫した問いである。この問いを前に、ＮＧＯは自らにあてはめてきた鋳型をはずし、もっと想像力をもって社会のビジョンを思い巡らし、そのビジョンにおける自己の位置を思い描いてみることが必要ではないかと私たちは考えている。

たとえば、政府が福島の人々を見捨てていると言わざるを得ない以上、「福島自治政府」を樹立するという提案はどうだろう。福島の人々が日本国と東電からの賠償・復興金を資源に、再生・復興の道筋と復興予算の使途を自分たちで決め、外国や日本の諸地域と交易・交流し、内外のＮＧＯや市民運動の支援を受けながら、新たな福島を作るのだ。

このような考えは決して荒唐無稽ではない。すでに東北自治政府の樹立を訴える論者がいる（松島泰勝「東北自治政府の樹立を望む」『環』Vol.49、二〇八−二一〇頁）。著者の松島氏は琉球出身で、かねてより琉球人は先住民族であり国際法に保障された人民の自己決定権を行使しうるとの基本認識の下、琉球独立論を展開している島嶼経済論の専門家である。

「三〇兆円の「復興市場」も、被災地外の企業が受注するという植民地経済が強化されようとしている」（二〇九頁）なかで、「東京政府が危機を終息させることができず、民に希望を与えられない以上、東北人は自らの力で地域を復興させ、原発依存社会から脱する道を歩む必要がある」（二一〇頁）という松島氏の主張は決して的外れではない。原発事故が白日の下に晒した「受益者と受難者が異なる構造」（本書「ＮＧＯ共同討論」二三七頁）を変えようにも、地方でも国政レベルでも選挙を通じて抜本的な政策転換を展望することも難しい。日本国の政治制度や国民の同情に頼ることができないとすれば、自己決定権を行使して自らを治めることしか道はない——そう考えるほうがむしろ自然ではないか。

多くのＮＧＯは「自治政府なんて」と戸惑うかもしれない。しかし、それは私たちがこれまで国家の枠組みに囚われて、住民の自己決定や自治を深く考えてこなかったからかもしれない。被災地で明らかになっている現実は、このような形で思考の境界を広げていくことを私たちに迫っている。

ＮＧＯが「住民の自己決定と自治が確立されるような日本」というビジョンをもつなら、そのビジョンの実現を目指して、いま被災地でどのような支援をすべきか、というように問題を立てることができる。というより、そのように問題を立て直さなければ、被災地の人々にとっての本当の回復や再生の道筋は見えてこないのではないだろうか。

とはいえ、普段ＮＧＯがそのような社会構想を考えたり議論したりする機会は少ない。住民への直接的な支援というミクロレベルの活動とそのような社会的ビジョンの間には距離がありすぎる。そこで、本書を閉じるにあたり、そうしたビジョンとミクロレベルの活動の間をどうつないでいくのかという問題について少し考えを述べてみたい。

＊

一つは被災者・被災コミュニティとのつながり方だ。三・一一が顕わにした日本社会の危機を解決するには、地方から変わっていくしかない。そのためには、被災者が自ら声を上げることができるような環境作りや制度の改変が必要であり、そこにおいてＮＧＯは大きな役割を果たすことができるだろう。

いま福島の反原発運動を担う人々が、全国各地に出かけて行って脱原発を訴えている。そして、そうした人々を支え励ます多くの団体や個人が存在する。福島の人々が行政や国、東電に対して声を上げられるように、組織の立ち上げ・維持を支援したり、場合によっては国会議員や専門家との橋渡しをしたり、各地の住民運動の経験交流を支援するといった活動を行っている。この場合の福島の人々とは、県外に避難・移住した人々も含むことは言うまでもない。

福島に限らず、被災地の地元の市民運動やNPOがもっと力をつけられるように支援することは、資金力や経験の豊かな国際NGOだからこそ果たせる重要な役割である。

だが、ここで気になることがある。宮城県の第二回被災者支援連絡調整会議（二〇一一年九月八日）に参加したNGO・NPO一五団体のうち、本部が宮城県にあるものはわずか三つで、残りの多くが国際NGOだったと報告されていることだ（仁平典宏「〈災間〉の思考―繰り返す3・11の日付のために」赤坂憲雄・小熊英二編『辺境からはじまる東京／東北論』明石書店、二〇一二、一四六頁）。これでは今後の地域の再生を担っていく地元NPOよりも、国際NGOのほうが行政により大きな影響力をもつことになりはしないか。地元NPOの自己決定と組織強化のスペースを資金力豊かな国際NGOが狭めていないか、省察が必要ではないだろうか。

二つ目は、社会（個人）とのつながり方だ。NPO論の研究者、田中弥生氏は、震災救援を行ったNGO・NPOの中でボランティアを募集したところが極めて少なかったと指摘している（『市民社会政策論―3・11後の政府・NPO・ボランティアを考えるために』明石書店、二〇一一）。田中氏は行政からの委託事業がNPOの資金源と活動の中心を占めるようになり、会員やボランティアよりも行政（資金提供者）のほうに顔を向けるようになった結果の表れではないかとして、これをNPOの自立性の危機として捉えている。

国際協力NGOもまたボランティアを募集しなかった。というより、国際NGOの多くはむしろ、自らをボランティアと明確に区別すべき支援の「プロ」だと考える傾向がある。だから、今回の震災救援でNGOがボランティアと一緒に扱われ、結果的にNGOの力が十分に活かされなかったことを問題にした。だが、支援の「プロ」集団であると強調することは、一歩間違えればボランティア＝社会を構成する個々人に対して、「上から目線」で自分たちを優越的位置に置くエリート意識につながることを忘れるべきではない。

三・一一後、被災地支援や脱原発運動に動き始めた人々は、お上意識や「誰かがやってくれる」という意識を捨て、自分で動かなければ何も変わらないと思った人たちだろう。NGOはそういう個々人とどうつながるのか。このことを意識的に考えていかなければ、NGOが社会の中で確固たる基盤を作っていくことはできないのではないか。

以上を一言で言えば、「社会に根を張る」ということになるだろうか。すでにそれを実践しているNGOもある。もっと多くのNGOが明確にこうした方向に向かって歩み出せば、遠大に見える「住民の自己決定と自治の確立」というビジョンも、一歩近くに見えるようになる。私たちはそう思うのである。

＊

三・一一は社会に深刻な分断を生み出した。このことに触れずに原発災害を、福島を語ることはできない。

この分断は、被災者間や福島の中だけでなく、日本全国を巻き込み、さまざまな領域で生じている。放射線量の高いところと低いところ、避難した人ととどまった人、福島とそれ以外の県、福島と他の東北の県、東日本と西日本、農家と消費者。食品の安全性、除染、がれき処理をめぐる分断。

これらの問題に「正解」はない。にもかかわらず、賛否に立つ双方が自らの正しさを主張して対立し、ときに意見を異にする人々への罵倒や蔑みの言葉も飛び交った。議論の過程で福島やその他の地域で放射能問題に直面する人々はさらに傷つき、苦しむことになった。

多くの場合こうした議論は、互いに相容れないことを確認して終わってしまう。だが、それでは私たちは何も学べない。がれき問題にしても、がれきを受け入れないことが決まれば問題が解決するのではない。

どうしたら分断を乗り越えられるのか。これは、私たち日本に住む者全員に問われている重い課題だが、とくに福島支援や脱原発に関わるＮＧＯや市民運動はこれを避けて通ることはできない。

この間さまざまな議論を見聞きし、福島の人の声に耳を傾けてみて、少なくとも二つのことが言えると思う。

一つは、被害者を加害者にしないこと。福島で農業を続ける人へ「毒を食わせるのか」といった言葉が投げかけられたが、それでは被害者である農家がさらに苦しむだけで何の問題解決にもならない。食品の安全を問題にするなら、たとえば大地を守る会のように安全を確保できる基準値を生産者とともに作り、その測定値や測定方法を公表すると同時に、消費者に対して東日本の第一次産業を崩壊させないように支援しようと呼びかける姿勢が大事ではないか（本書第４章の参考文献を参照されたい）。

二つ目は、被災者に自分の考える「正解」を押し付けないこと。もっと端的に言えば、被害者に「説教」をしないことだ。被災者の決定を自分の考えに照らして安易に判断するのを控え、その人の立場に立って考えること。そして個々人が避難するにせよ、とどまるにせよ、食品を食べるにしろ食べないにしろ、自己決定をできるような条件を整えること。ＮＧＯ活動に引き付けていえば、支援現場にいるＮＧＯがそうした自己決定の模索の過程に伴走し、その過程を外部に向かって丁寧に伝えることも分断を乗り越えるためにできる大事な仕事の一つになるはずである。

＊

いわき市で開かれた第一回ふくしまフォーラム「震災と放射能汚染後をどう生きるのか」（二〇一二年六月三〇日〜七月一日、同実行委員会主催）でも、この被災者の自己決定という考え方を基本に据えて、その実現のために被災者と支援者がどう協力し合えるのかが話し合われた。そこに参加して出会ったある言葉は、まさに「住民の自己決定と自治の確立」を目指す宣言のように聞こえた。

ある分科会で、福島の人たちが福島の現状や避難・移住をめぐる葛藤や軋轢を県外からの参加者に縷々語ってくれたときのことだ。郡山市在住のある人の「私たちはこれだけ苦しんできた分、このままじゃいやだと強く思うんです」との言葉を受けて、その場にいた「子どもたちを放射能から守る福島ネットワーク」前代表の中手聖一氏が言った。「自分たちが新しい福島人に生まれ変わり、新しい文化を作らないと福島の再生はないと思っている」。

福島の人も、福島支援に関わる人も、「ＮＧＯであろうが個人であろうが、とにかく福島に来て、まず人の話に耳を傾けてほしい」と呼びかけている。それが支援の第一歩だと。むろん、福島の人は福島以外にもいる。福島の人の話をまず聴くこと。そこから始めよう。脱原発運動に関わる人も、自分と家族の放射能被曝を心配する人も、福島の人の声を聴きに行こう。どんな小さなことでもいいから〈福島〉とつながり続けよう。

ＮＧＯも、ローカルな運動とつながり「新しい文化」を作る営みの輪に加わろう。そうすれば、社会は変えられる。

二〇一二年八月一五日

編者　藤岡美恵子
　　　中野　憲志

参考文献

※本書で言及していないが、本書の内容にとくに関係する参考文献をほんの一部ではあるが挙げておきたい。

猪飼周平「原発震災に対する支援とは何か―福島第一原発事故から一〇ヶ月後の現状の整理」二〇一二、http://ikai-hosoboso.blogspot.jp/2012/01/10.html
内山節『ローカリズム原論―新しい共同体をデザインする』農村漁村文化協会、二〇一二。
小倉利丸「瓦礫論」二〇一二、http://www.alt-movements.org/nomorecap_files/garekiron_e.pdf
農村漁村文化協会編『復興の大義―被災者の尊厳を踏みにじる新自由主義的復興論批判』農村漁村文化協会、二〇一二。
山下祐介・開沼博編『「原発避難」論―避難の実像からセカンドタウン、故郷再生まで』明石書店、二〇一二。

スタン現地代表を経て、2006年11月より代表理事。2007年より国際協力NGOセンター（JANIC）副理事長兼任。著書に『NGOの選択』（共著、めこん、2005）など。

谷山由子（たにやま・ゆうこ）　1960年静岡生まれ。横浜国立大学教育学部臨時教員養成課程修了。88年より日本国際ボランティアセンター（JVC）に参加。タイ、カンボジア駐在後、94年よりカンボジア事業担当。2002年退職しJVCのアフガニスタン支援に同行。2004年JVCに復帰し2007年まで現地駐在、以降東京でアフガニスタン事業を担当。2012年から東日本大震災の災害支援担当として被災地支援を兼任。著書に『NGOの時代』（共著、めこん、2000）。

中野憲志（なかの・けんじ）　編者紹介参照。

橋本俊彦（はしもと・としひこ）　1956年福島県生まれ。鍼灸師。鍼灸学校時代に東京ホビット村で快医学に出会う。95年福島県郡山市にはしもと治療室を開設、その後三春町に移転。東北地方を中心に快医学講座を開催してきた。震災以降、福島県内各地で健康相談会を始める。2011年11月、自然医学放射線防護情報室を立ち上げる（2012年９月よりNPO法人ライフケアに改称）。著書に『自然治癒力を高める快療法』（共著、ちくま書房、2011）。

原田麻以（はらだ・まい）　1985年東京生まれ。明治学院大学卒業後、会社員として勤務中、大阪市西成区にある日雇労働者のまち「釜ヶ崎」を拠点に活動するNPO法人ココルームにてさまざまな人が集う場づくりの勉強に出向く。翌年スタッフとなり、2009年より同法人の運営するカマン！メディアセンター（助成：トヨタ財団）の立ち上げと運営を行う。2011年９月より拠点を東北に移し、ココルーム東北ひとり出張所として福島を中心に活動。2012年４月よりNPO法人インフォメーションセンターに所属。明治学院大学国際平和研究所研究員。

藤岡美恵子（ふじおか・みえこ）　編者紹介参照。

満田夏花（みつた・かんな）　東京大学教養学科卒業。（財）地球・人間環境フォーラム主任研究員を経て、2009年より国際環境NGO FoE Japanにて、森林問題、国際金融と開発問題に取り組む。3・11原発震災以降は、福島支援、脱原発・持続可能なエネルギー政策の実現に向けた各種活動に従事。

吉野裕之（よしの・ひろゆき）　福島市生まれ。青山学院大学フランス文学科卒業。大学から就職まで10年間を神奈川県や東京都で過ごす。その後、約２年間の旅で世界35カ国を回る。帰国後は福島に戻り、再就職の傍ら平和や環境の市民活動に関わる。映画を通して社会を見る面白さに気づき、フォーラム福島（福島市内の映画館）での企画上映に関わり、その延長で震災以降始められた「イメージ福島」（震災や原発問題、社会的問題、ドキュメンタリーなどさまざまな映画を通じて今回の震災を読み解こうとする企画上映会）に実行委員として参加。震災と原発事故がもたらした住民への影響について市民活動の現場から、また一人の父親として発言を続けている。世話人として活動中の「子どもたちを放射能から守る福島ネットワーク」では、特に保養プログラムに関わっている。妻子は県外に避難中。

執筆者紹介

猪瀬浩平（いのせ・こうへい）　平日は東京・横浜で明治学院大学教員として働き、休日は埼玉で見沼田んぼ福祉農園の事務局長として営農活動を行う。専門は文化人類学。これまで日本とアメリカの障害者の地域生活運動や、釜ヶ崎（大阪）・郡上八幡（岐阜）などの地域づくり、福祉農園の活動で知り合った全国の若い農民の生き方についての調査を行う。3・11以後、「汚染地帯」とされてしまった農村における農家や農業技術者、支援者の「生きる」ための諸活動について聞き取りを始めている。明治学院大学国際平和研究所所員。

黒田節子（くろだ・せつこ）　福島県郡山市在住。パート労働者。人権・女性・農業・労働・そしてフクシマ原発問題に関わる。農業に長く従事し、また土いじりを始めたいと思っていた矢先に3・11が起きた。1970年前後の「若者の反乱の時代」の影響をそれなりに受けてきたが、いつの間にか「年長さん」になり、今回の福島をめぐっては若い人と一緒に運動をしていく中で戸惑いを感じつつ、新旧の出会い・再会もあり。被曝し続けている子どもたちを何とか避難させたい。山登りが好きだったが、地元の名峰安達太良山もホットスポットに…。

小松豊明（こまつ・とよあき）　2001年シャプラニール＝市民による海外協力の会に入職。2002〜2006年、ネパール事務所長としてネパールにおける活動を統括。2004年のインド洋大津波に際し、震災発生から3日後にネパールからスリランカに入り、緊急救援活動にあたった経験を持つ。帰国後はフェアトレード部門「クラフトリンク」のチーフとして、フェアトレードの普及推進に努める。2011年3月よりいわき事務所代表として、福島県いわき市および周辺地域における東日本大震災被災者の支援活動に従事している。

菅野正寿（すげの・せいじゅ）＝インタビュー　1958年福島県二本松市（旧東和町）生まれ。農林水産省農業者大学校卒業後、農業に従事。現在、水田2.5a、雨よけトマト14a、野菜・豆・雑穀2ha、農産加工所（餅、おこわ、弁当）による複合経営（あぶくま高原遊雲の里ファーム）。福島県有機農業ネットワーク理事長。NPO法人ゆうきの里東和ふるさとづくり協議会理事。著書に『放射能に克つ農の営み―ふくしまから希望の復興へ』（共著、コモンズ、2012）、『脱原発社会を創る30人の提言』（共著、コモンズ、2012）など。

竹内俊之（たけうち・としゆき）　1956年北海道小樽市生まれ。大学卒業後、インドシナ難民の救援活動を機にタイのバンコクで設立された日本国際ボランティアセンター（JVC）にボランティアとして参加（その後専従職員）。現職の国際協力NGOセンター（JANIC）の震災タスクフォースでチーフを務める田島誠らと、タイ・カンボジア国境の難民支援に従事する。その後勃発したレバノン戦争で西ベイルートの医療支援に関わる。その後活動から離れ約30年ぶりにNGOの世界に復帰。現在JANIC震災タスクフォース福島事務所所長。

谷山博史（たにやま・ひろし）　1958年東京生まれ。86年より日本国際ボランティアセンター（JVC）スタッフとしてタイ、ラオス、カンボジアに駐在。事務局長、アフガニ

編者紹介

藤岡美恵子（ふじおか・みえこ）

国際人権NGO反差別国際運動（IMADR）で事務局次長、グァテマラ・マヤ先住民族のコミュニティプロジェクトコーディネーターを経て、現在、法政大学大学院非常勤講師（国際人権論）、〈NGOと社会〉の会代表。『脱「国際協力」―開発と平和構築を超えて』（2011）、『制裁論を超えて―朝鮮半島と日本の〈平和〉を紡ぐ』（2007）、『国家・社会変革・NGO―政治への視線／NGO運動はどこへ向かうべきか』（2006、いずれも共編著、新評論）など。

中野憲志（なかの・けんじ）

首都圏で最も高い放射線量を示した「ホットスポット」近隣住民の一人として本書の企画・編集を決意。先住民族／マイノリティの自己決定論、人種主義・官僚制国家批判をライフワークとする。『日米同盟という欺瞞、日米安保という虚構』（新評論、2010）、『大学を解体せよ―人間の未来を奪われないために』（現代書館、2007）、『グローバル時代の先住民族―「先住民族の10年とは何だったのか」』（共編著、法律文化社、2004）など。

福島と生きる

国際NGOと市民運動の新たな挑戦　（検印廃止）

2012年10月10日　初版第1刷発行

編者　藤岡美恵子
　　　中野憲志
発行者　武市幸

発行所　株式会社　新評論

〒169-0051 東京都新宿区西早稲田3-16-28
http://www.shinhyoron.co.jp

TEL 03（3202）7391
FAX 03（3202）5832
振替 00160-1-113487

定価はカバーに表示してあります
落丁・乱丁本はお取り替えします

装幀　山田英春
印刷　フォレスト
製本　河上製本

ISBN978-4-7948-0913-1
Printed in Japan